化工安全与环保研究

谢乔光　黄伟荣　王疏影　著

哈尔滨出版社
HARBIN PUBLISHING HOUSE

图书在版编目（CIP）数据

化工安全与环保研究／谢乔光，黄伟荣，王疏影著.
哈尔滨：哈尔滨出版社，2025.1. -- ISBN 978-7
-5484-8004-4

Ⅰ. TQ086；X78

中国国家版本馆 CIP 数据核字第 2024QV1042 号

书　　名：化工安全与环保研究
HUAGONG ANQUAN YU HUANBAO YANJIU

作　　者：谢乔光　黄伟荣　王疏影　著
责任编辑：刘　硕
封面设计：赵庆旸

出版发行：哈尔滨出版社（Harbin Publishing House）
社　　址：哈尔滨市香坊区泰山路 82 - 9 号　　邮编：150090
经　　销：全国新华书店
印　　刷：北京虎彩文化传播有限公司
网　　址：www. hrbcbs. com
E - mail：hrbcbs@yeah. net
编辑版权热线：（0451）87900271　87900272
销售热线：（0451）87900202　87900203

开　　本：787mm×1092mm　1/16　印张：10.5　字数：230 千字
版　　次：2025 年 1 月第 1 版
印　　次：2025 年 1 月第 1 次印刷
书　　号：ISBN 978-7-5484-8004-4
定　　价：58.00 元

凡购本社图书发现印装错误，请与本社印制部联系调换。
服务热线：（0451）87900279

前　言

作为现代工业体系的基石，化工生产在推动经济发展、改善人民生活质量方面发挥着不可替代的作用。然而，随着化工行业的迅猛发展，安全生产与环境保护问题日益凸显，成为社会关注的焦点。因此，深入探讨化工安全与环保问题，对于保障人民生命财产安全、促进化工行业可持续发展具有重要意义。

本书正是在这样的背景和需求下应运而生。本书致力于对化工领域的安全生产和环境保护问题进行深入剖析，以期为化工行业的安全与可持续发展提供理论指导和实践借鉴。

在化工生产过程中，安全隐患与环境风险无处不在。本书首先对这些风险进行了系统的梳理和分析，揭示了化工生产过程中可能出现的各种安全问题和环境挑战。同时，我们还结合具体案例，深入剖析了事故发生的原因和过程，为化工企业提供了宝贵的经验。

针对化工企业应急响应与危机管理问题，本书提出了一系列有效的策略和措施。从应急预案的制订、应急队伍的建设到应急演练的开展，本书都进行了详细的阐述和分析。这些策略和措施旨在帮助化工企业提高应对突发事件的能力，减少事故损失，保障生产安全。

化学品的安全管理与危险品管理是化工安全与环保研究的重要组成部分。本书详细介绍了化学品的分类、储存、运输和使用等方面的安全要求，以及危险品管理的相关法规和标准。同时，我们结合实际应用，提出了化学品安全管理和危险品管理的最佳方案，为化工企业提供参考。

环境污染治理与绿色化工的应用是化工行业实现可持续发展的重要途径。本书对环境污染治理技术进行了系统的介绍和评价，包括废水处理、废气治理、固废处置等方面的技术和方法。同时，我们还重点介绍了绿色化工技术的最新发展和应用，为化工企业实现绿色生产提供了技术支持和思路。

此外，本书还对安全生产教育与培训、安全技术装备与管理、法律法规与政策研究等方面进行了全面分析和探讨。这些内容涵盖了化工安全生产的各个方面，为化工从业者提供了全面的安全生产与环境保护知识体系。

本书旨在促进化工行业的安全生产和环境保护工作，推动企业转型升级，实现经济效益与社会效益双赢。我们希望本书能够引发更多人对化工安全与环保问题的关注和思考，推动相关研究的深入开展和实践应用的不断创新。

最后，我们要感谢所有为本书编写提供支持和帮助的专家、学者和同人，也要感谢广大读者的关注和支持。我们相信，在大家的共同努力下，化工安全与环保事业一定能够取得更大的成就。让我们携手共进，为化工行业的安全与可持续发展贡献智慧和力量。

目　录

第一章　化工安全与环保研究概述

第一节　化工安全管理的概念与体系

一、化工安全管理的基本概念

化工安全管理是确保化工生产过程中人员安全、设备完整、环境无污染的重要管理活动。随着化工行业的快速发展，化工生产过程中的安全问题日益突出，因此，对化工安全管理的需求也日益迫切。本节将详细阐述化工安全管理的基本概念，包括其定义、内涵、目标以及其在化工行业中的地位和作用。

（一）化工安全管理的定义

化工安全管理是指在化工生产过程中，运用组织、计划、协调、控制和监督等手段，对生产活动中的安全风险进行预防、减少或消除，从而确保人员生命安全、设备设施完好以及环境不受污染的系统性管理活动。这一管理过程涉及化工生产的各个环节，包括但不限于原料采购、生产加工、产品储存和运输等。

化工安全管理是化工行业稳定、持续发展的基石，它不仅关系企业的经济效益，更直接关系员工的生命安全和社会的和谐稳定。在化工生产过程中，由于涉及的原材料、中间产物和产品往往具有易燃、易爆、有毒有害等特性，一旦发生事故，后果往往十分严重。因此，化工安全管理的重要性不言而喻。

（二）化工安全管理的内涵

化工安全管理的内涵十分丰富，涵盖了多个方面，具体包括：

1. 安全风险管理

安全风险管理是化工安全管理的核心。它要求对化工生产过程中可能出现的各种安全风险进行全面识别、科学评估，并采取相应的控制措施，以降低事故发生的概率和影响。这包括对设备设施的安全性能进行定期评估，对生产工艺的安全性进行审查和优化，以及对生产过程中可能产生的有害物质进行有效管理和控制。

2. 安全制度和规章的制定与执行

化工安全管理需要建立和完善一套完整的安全制度和规章制度，确保各项安全管理工作有章可循、有据可查。这些制度包括但不限于安全生产责任制、安全操作规程、安全检查制度等。同时，需要加强对制度执行情况的监督检查，确保各项制度得到严格执行，不留死角。

3. 安全培训和教育

员工是化工生产的主体，他们的安全意识和安全技能水平直接关系企业的安全生产。因此，化工安全管理必须重视安全培训和教育。这包括对新员工进行必要的安全培训，使他们对化工生产的安全风险有基本的认识；对在岗员工进行定期的安全教育和培训，增强他们的安全意识和应对风险的能力；以及对特种作业人员进行专业培训，确保他们具备相应的安全操作技能。

4. 应急管理和救援

尽管我们希望化工生产过程中不要发生事故，但事故的发生总是难以完全避免。因此，化工安全管理必须做好应急管理和救援的准备工作。这包括制订科学合理的应急预案，明确应急响应程序和救援措施；建立应急队伍，提高应急救援能力；配备必要的应急设备和物资，确保在发生事故时能够迅速、有效地进行应急处理和救援工作。

5. 安全文化和安全氛围建设

安全文化和安全氛围是化工安全管理的软实力。通过营造积极的安全文化和安全氛围，可以使员工从内心深处认识到安全的重要性，自觉遵守安全规章制度，关注安全生产问题，共同维护企业的安全稳定。这包括加强安全宣传教育，增强员工的安全意识；开展安全文化建设活动，增强员工的安全责任感和使命感；建立安全奖惩机制，激励员工积极参与安全管理工作等。

综上所述，化工安全管理是一项系统性、综合性极强的工作。它不仅需要科学的管理方法和手段，更需要全员参与、共同努力。只有这样，才能确保化工生产的安全稳定，实现企业的可持续发展。

（三）化工安全管理的目标

化工安全管理的目标是通过实施一系列管理措施和手段，实现以下目标：

保障人员生命安全：确保化工生产过程中员工的生命安全不受威胁，防止因安全事故导致的人员伤亡。

维护设备设施完好：确保化工生产设备设施处于良好的运行状态，防止因设备故障导致的安全事故。

保护环境不受污染：通过减少或消除化工生产过程中产生的有害物质，保护环境免受污染。

提高生产效率和经济效益：通过优化生产流程、降低能耗和减少事故损失等措施，提高化工生产的效率和经济效益。

（四）化工安全管理在化工行业中的地位和作用

化工安全管理在化工行业中具有举足轻重的地位和不可替代的作用。首先，化工安全管理是保障化工行业可持续发展的基础。随着社会对安全生产的要求越来越高，化工企业必须加强安全管理才能赢得市场信任和支持。其次，化工安全管理是维护企业稳定运行的重要保障。一旦发生安全事故，不仅会造成人员伤亡和财产损失，还会影响企业的声誉和形象，甚至可能导致企业倒闭。因此，加强化工安全管理对于维护企业稳定运行具有重要意义。最后，化工安全管理是提升企业核心竞争力的重要手段。通过实施有效的安全管理措施和手段，可以提高企业的安全生产水平和管理能力，增强企业的综合竞争力。

总之，化工安全管理是确保化工生产过程安全稳定的重要保障。只有加强化工安全管理工作，才能有效预防和减少安全事故的发生，保障人员生命安全、设备设施完好、环境不受污染，推动化工行业的健康可持续发展。

二、化工事故的类型与原因分析

化工事故是指在化工生产过程中，由于各种原因导致的人员伤亡、财产损失或环境污染等事故。这些事故不仅给企业带来巨大经济损失，还严重威胁员工的生命安全和社会环境的稳定。因此，深入分析化工事故的类型和原因，对于预防和减少事故的发生具有重要意义。

（一）化工事故的类型

化工事故的类型多种多样，根据事故的性质和影响范围，可以将其分为以下几类：

爆炸事故：由于化学反应失控、设备故障或操作失误等原因引发的爆炸，往往造成严重的人员伤亡和财产损失。例如，2015年发生在山东某化工厂的重大爆炸事故，就是生产过程中违规操作导致的。

泄漏事故：在化工生产过程中，由于设备老化、操作失误或管理不善等，导致有毒有害物质泄漏到环境中，对人员和环境造成危害。例如，2014年发生在江苏某化工厂的氯气泄漏事故，导致多人中毒和周边环境的严重污染。

火灾事故：在化工生产过程中，由于设备故障、电气火花或违规操作等原因引发的火灾，不仅会造成设备损坏和财产损失，还可能引发爆炸等更严重的后果。

中毒事故：在化工生产过程中，由于有毒有害物质的泄漏或挥发，导致员工吸入或接触后中毒，严重时甚至危及生命。例如，2013年发生在广东某化工厂的苯泄漏中毒事故，导致多名员工中毒住院。

其他事故：除了上述几种常见类型外，还有一些其他类型的化工事故，如设备损坏、停电停水等，虽然影响范围较小，但也会对生产造成一定影响。

（二）化工事故的原因分析

化工事故的发生往往是由多种因素共同作用的结果。通过对事故原因的深入分析，可以发现以下几个主要方面：

人为因素：人为操作失误、安全意识淡薄、违规操作等是导致化工事故的主要原因之一。例如，操作员未按照操作规程进行操作，或者在疲劳、注意力不集中等状态下工作，都可能导致事故的发生。

设备因素：设备故障、老化或维护不当也是导致化工事故的重要原因。例如，设备长期运行导致磨损严重，或者未及时进行维修和更换，都可能引发泄漏或爆炸等。

管理因素：企业安全管理体系不完善、安全培训不足、应急预案缺失等管理问题也是导致化工事故的重要原因。例如，企业未建立健全的安全管理制度和规章制度，或者对员工的安全培训不到位，都可能导致员工安全意识薄弱和操作不规范。

环境因素：自然环境因素（如雷电、地震等）也可能引发化工事故。此外，化工生产过程中的化学反应也可能受到温度、压力等环境因素的影响而失控，导致事故的发生。

其他因素：除了以上几个主要因素外，还有一些其他因素也可能导致化工事故的发生，如原材料质量问题、生产工艺缺陷等。

（三）总结与建议

通过对化工事故的类型和原因进行深入分析，我们可以发现，化工事故的发生往往是由多种因素共同作用的结果。为了预防和减少化工事故的发生，我们应该采取以下措施：

加强对人的管理：增强员工的安全意识和操作技能水平，加强安全培训和教育工作，确保员工能够熟练掌握操作规程和安全知识。

强化设备维护与管理：定期对设备进行维护和检查，及时发现和处理设备故障和隐患，确保设备的正常运行和安全性能。

完善安全管理体系：建立健全的安全管理体系和规章制度，明确各级人员的职责和权限，加大安全监管和考核力度，确保各项安全管理措施得到有效执行。

提高应急处理能力：制订完善的应急预案和救援体系，加强应急演练和培训，提高员工应对突发事件的能力和水平。

加强环境保护意识：强化环保意识，减少有毒有害物质的排放和泄漏，积极采取环保措施和技术手段，保护环境和生态安全。

总之，预防和减少化工事故的发生需要全社会的共同努力。只有加强安全管理、增强员工安全意识、强化设备维护与管理、完善安全管理体系和提高应急处理能力等措施得到有效落实和执行，才能确保化工生产的安全稳定和可持续发展。

三、化工安全管理的法律法规

化工安全管理的法律法规是确保化工生产过程安全、保护环境、维护工人权益的重要法律依据。这些法律法规的制定和执行对于预防和减少化工事故、保障人民生命财产安全具有至关重要的作用。本节将详细阐述化工安全管理的法律法规体系、主要法律法规内容及其执行与监督机制，并探讨法律法规在化工安全管理中的作用与挑战。

（一）化工安全管理的法律法规体系

化工安全管理的法律法规体系是一个多层次、多维度的复杂系统，包括国家法律法规、地方性法规、部门规章以及企业安全管理制度等。这些法律法规相互衔接、互为补充，共同构成了化工安全管理的法治基础。

国家法律法规：包括《安全生产法》《环境保护法》《职业病防治法》等。这些法律法规从宏观层面对化工安全管理提出基本要求，明确了化工企业的法律责任和义务。

地方性法规：各地方政府根据本地区的实际情况，制定了一系列地方性法规，如《××省安全生产条例》《××省环境保护条例》等，进一步细化了国家法律法规的具体要求，增强了法律法规的针对性和可操作性。

部门规章：国务院及其有关部门制定了一系列部门规章，如《危险化学品安全管理条例》等。这些规章对化工安全管理的具体环节和要求进行了详细规定，为化工企业的安全管理提供了具体指导。

企业安全管理制度：化工企业应依据国家法律法规和部门规章的要求，结合本企业的实际情况，制定和完善企业内部的安全管理制度，确保企业安全管理工作有章可循、有据可查。

（二）主要法律法规内容及其执行与监督机制

《安全生产法》：该法规定了化工企业的安全生产责任制、安全生产条件、安全生产教育和培训、安全生产检查等方面的内容。为确保该法的有效执行，各级政府设立了安全生产监督管理部门，负责对企业进行监督检查和行政执法。

《环境保护法》：该法明确了化工企业的环境保护责任和义务，包括减少污染物排放、保护生态环境等。环保部门负责对企业的环保工作进行监管和执法，对违法违规行为进行处罚。

《职业病防治法》：该法规定了化工企业在职业病防治方面的责任和义务，包括提供符合要求的劳动条件、开展职业健康检查等。卫生健康部门负责对企业职业病防治工作进行监管和执法。

这些法律法规的执行与监督机制主要包括政府部门的监督检查、行政处罚、刑事责任追究等。同时，企业应建立健全内部安全管理机制，加强自查自纠和隐患排查治理，确保各项法律法规得到有效执行。

（三）法律法规在化工安全管理中的作用与挑战

法律法规在化工安全管理中发挥着至关重要的作用。首先，法律法规为化工安全管理提供了明确的行为准则和法律依据，有助于规范企业的安全管理行为。其次，法律法规的强制执行和监督机制有助于确保企业切实履行安全管理责任，以预防和减少化工事故的发生。最后，法律法规还能保障工人的权益和安全，促进化工行业的可持续发展。

然而，法律法规在化工安全管理中也面临着一些挑战。首先，随着化工行业的快速发展和技术进步，法律法规需要不断更新和完善以适应新的安全风险和环保要求。其次，法律法规的执行和监督受多种因素的影响，如政府部门的人力物力投入、执法力度等。这些因素可能导致法律法规的执行效果不佳。此外，一些企业可能出于经济利益考虑而忽视法律法规的要求，导致违法违规行为的发生。

为应对这些挑战，需要采取以下措施：一是加强法律法规的宣传和普及工作，提高企业和员工对法律法规的认识和遵守意识；二是加大政府部门的执法力度和监督力度，对违法违规行为进行严厉打击和处罚；三是加强部门之间的协调配合和信息共享机制建设，形成合力共同推进化工安全管理工作；四是鼓励企业加强技术创新和管理创新，提高安全管理水平和环保水平。

总之，化工安全管理的法律法规是确保化工生产过程安全、保护环境、维护工人权益的重要法律依据。通过不断完善法律法规体系、加强执行与监督机制以及应对挑战和采取相应措施，可以有效促进化工行业的安全稳定和可持续发展。

四、化工企业安全管理体系

化工企业安全管理体系是确保企业安全生产、防范和减少事故风险的重要保障。一个完善的化工企业安全管理体系不仅有助于提升企业的整体安全管理水平，还能有效保障员工生命安全和企业财产安全。本节将详细阐述化工企业安全管理体系的构建原则、核心要素及其运行机制，并探讨如何优化和完善这一体系，以更好地适应企业发展和市场需求。

（一）化工企业安全管理体系的构建原则

构建化工企业安全管理体系应遵循以下几个基本原则：

法规遵从原则：化工企业安全管理体系的构建必须符合国家法律法规和相关标准的要求，确保企业的安全管理行为合法合规。

系统性原则：化工企业安全管理体系应覆盖企业的各个方面和层次，形成一个完整的安全管理网络，确保各项安全管理措施能够相互衔接、协同作用。

风险预控原则：化工企业安全管理体系应以风险预控为核心，通过风险评估、风险控制等措施，有效预防和减少事故的发生。

全员参与原则：化工企业安全管理体系的建设和运行需要全员参与，企业应强化员工的安全意识和培训教育，确保每位员工都能履行安全管理职责。

持续改进原则：化工企业安全管理体系应不断适应企业发展和市场需求的变化，通过持续改进和优化，提升安全管理水平和绩效。

（二）化工企业安全管理体系的核心要素

化工企业安全管理体系的核心要素包括以下几个方面：

安全生产责任制：明确企业各级领导、部门和员工在安全生产中的职责和权限，形成责任明确、层级分明的安全生产责任体系。

安全生产规章制度：制定和完善安全生产规章制度，包括安全操作规程、安全检查制度、应急预案等，确保各项安全管理措施有章可循、有据可查。

安全生产教育和培训：加强员工的安全教育和培训，增强员工的安全意识和操作技能水平，培养具备良好安全素质的员工队伍。

安全生产检查与隐患排查治理：定期开展安全生产检查和隐患排查治理工作，及时发现和消除安全隐患，确保生产设施的安全可靠。

应急救援与事故处理：建立健全应急救援体系和事故处理机制，确保在发生事故时能够迅速响应、有效处置，最大限度地减少事故损失。

（三）化工企业安全管理体系的运行机制

化工企业安全管理体系的运行机制主要包括以下几个方面：

领导重视与推动：企业高层领导应高度重视安全管理工作，亲自推动相关工作进行，确保安全管理体系的有效运行。

部门协同与配合：各部门应明确职责、密切配合，形成合力共同推进安全管理工作，确保各项安全管理措施得到有效执行。

员工参与反馈：鼓励员工积极参与安全管理工作，提供安全建议和意见，建立员工反馈机制，及时发现和解决安全管理中存在的问题。

监督检查与考核：加强对安全管理体系的监督检查和考核工作，确保各项安全管理措施得到有效执行和落实。

持续改进与优化：根据企业发展和市场需求的变化，不断优化和完善安全管理体系，提升安全管理水平和绩效。

（四）优化和完善化工企业安全管理体系的建议

为优化和完善化工企业安全管理体系，提出以下建议：

1. 加强法律法规的学习和宣传，确保企业安全管理行为合法合规。
2. 深化风险评估和控制工作，建立健全风险预警和应急响应机制。
3. 强化员工安全教育和培训，增强员工的安全意识和操作技能水平。
4. 引入先进的安全管理技术和方法，提升企业安全管理水平和绩效。
5. 加强与政府部门和行业协会的沟通与合作，共同推进化工行业的安全稳定发展。

总之，化工企业安全管理体系是确保企业安全生产、防范和减少事故风险的重要保障。通过构建科学合理的安全管理体系、加强运行机制的落实和优化完善等措施，可以有效提升企业的整体安全管理水平，保障员工生命安全和企业财产安全，促进化工行业的可持续发展。

第二节 化工安全管理的技术趋势

一、化工安全管理中的新技术与新趋势

随着科技的不断进步和创新，化工安全管理领域也涌现许多新技术和新趋势。这些新技术和新趋势不仅提高了化工生产的安全性和效率，还为企业带来了更多的发展机遇。本节将详细阐述化工安全管理中的新技术与新趋势，包括智能化技术、大数据应用、物联网技术、安全文化建设等方面的内容，并分析这些新技术与新趋势对化工安全管理的影响和挑战。

（一）智能化技术在化工安全管理中的应用

智能化技术是化工安全管理中的重要创新方向，通过引入人工智能、机器学习等技术手段，实现对化工生产过程的智能化监控和预警。智能化技术的应用可以大大提高化工生产的安全性和效率，减少人为因素导致的事故风险。

人工智能与机器学习：利用人工智能和机器学习算法，对化工生产过程中的数据进行分析和挖掘，实现对生产过程的安全状态预测和风险评估。这些算法可以根据历史数据和实时数据，自动调整生产参数和操作策略，以达到最优的安全性能。

自动化控制系统：通过引入自动化控制系统，可实现对化工生产过程的自动化控制和管理。自动化控制系统可以根据预设的安全规则和条件，自动调整生产设备的运行状态和操作参数，确保生产过程的安全稳定。

（二）大数据技术在化工安全管理中的应用

大数据技术的应用为化工安全管理提供了全新的视角和手段。通过对海量数据的收集、分析和挖掘，可以发现潜在的安全风险和隐患，为企业的安全管理决策提供有力支持。

数据收集与整合：通过引入大数据技术，实现对化工生产过程中各类数据的全面收集和整合。这些数据包括生产设备的运行数据、操作人员的行为数据、环境监测数据等，为后续的数据分析和挖掘提供了丰富的数据源。

数据分析与挖掘：利用大数据分析和挖掘技术，对收集的数据进行深入分析和处理。通过对数据的关联分析、聚类分析等方法，可以发现生产过程中存在的安全隐患和风险点，为企业的安全管理提供指导。

（三）物联网技术在化工安全管理中的应用

物联网技术的应用为化工安全管理带来了更多的智能化和自动化手段。通过引入物联网技术，可以实现对化工生产设备的实时监控和远程控制，提高生产过程的安全

性和效率。

设备监控与预警：通过物联网技术，将生产设备与互联网相连，实现对设备运行状态的实时监控和预警。当设备出现异常情况时，系统可以自动触发预警机制，及时通知管理人员进行处理，避免事故的发生。

远程控制与操作：借助物联网技术，管理人员可以通过互联网实现对生产设备的远程控制和操作。这种远程控制和操作方式可以降低人员进入生产现场的风险，提高生产过程的安全性。

（四）安全文化建设在化工安全管理中的重要性

除了技术手段的创新外，安全文化建设也是化工安全管理中的重要部分。通过培养员工的安全意识和安全行为习惯，可以形成良好的安全文化氛围，提高整个企业的安全管理水平。

安全意识培养：通过开展安全教育和培训活动，提高员工对安全生产的认识和重视程度。同时，通过制定安全规章制度和操作规程，明确员工在安全生产中的职责和义务，形成全员参与的安全管理格局。

安全行为习惯养成：通过引导和激励员工养成良好的安全行为习惯，如佩戴防护用品、遵守操作规程等，可以减少人为因素导致的事故风险。同时，通过定期的安全检查和评估，及时发现和纠正员工在安全生产中的不良行为。

（五）新技术与新趋势对化工安全管理的影响和挑战

新技术与新趋势的应用为化工安全管理带来了诸多积极影响，如提高生产效率、降低事故风险等。同时面临着如下挑战和问题。

技术更新与投入成本：新技术的引入和应用需要企业投入大量的资金和人力资源进行技术更新和改造。这对于一些资金紧张的企业来说可能是一个挑战。

人员培训与技能提升：新技术的引入可能会带来操作方式和管理模式的变化，需要员工具备相应的技能和素质来适应这些变化。因此，企业需要加强员工培训和技能提升工作，以适应新技术的发展。

数据安全与隐私保护：大数据技术和物联网技术的应用涉及大量的数据收集和处理工作。在保障数据安全性和隐私保护方面需要采取有效的措施来防止数据泄露和滥用。

综上所述，化工安全管理中的新技术与新趋势为企业的安全生产带来了诸多机遇和挑战。企业需要结合自身实际情况和需求，积极引进和应用这些新技术和新趋势，不断提高自身的安全管理水平和绩效。同时，需要关注新技术应用过程中可能出现的问题和风险，并采取相应的措施进行应对和解决。

二、化工安全与环保的关联性分析

化工安全与环保是化工产业发展中两个不可或缺的方面，它们之间存在着密切的关联性。这种关联性不仅体现在理论上，更在实际操作中表现得淋漓尽致。化工安全涉及生产过程的安全性、稳定性以及员工的人身安全，而环保则关注生产活动对环境的影响和可持续性。在化工产业中，二者相互依存、相互促进，共同构成了一个完整的管理体系。

（一）化工安全与环保的理论关联

化工安全与环保的理论关联主要体现在以下几个方面：

法规政策的一致性：许多国家和地区都制定了关于化工安全和环保的法规、政策。这些政策在目标和要求上具有很高的一致性。它们都致力于保护人类健康和环境安全，减少生产活动对环境和人体的负面影响。

风险评估的共性：在化工产业中，风险评估是一个重要的环节。无论是化工安全还是环保，都需要对生产过程中可能出现的风险进行评估和预测。这种风险评估的共性使得化工安全与环保在理论层面上紧密相连。

预防措施的互通性：化工安全和环保都强调预防措施的重要性。通过采用先进的工艺技术和环保设备，可以有效地降低生产过程中的安全风险和环境影响。这些预防措施在化工安全和环保领域具有互通性，共同提升了化工产业的整体安全水平。

（二）化工安全与环保的实践关联

化工安全与环保的实践关联主要体现在以下几个方面：

生产过程的协同管理：在化工生产过程中，安全和环保是密不可分的。例如，在选择原料、设计工艺流程、使用生产设备等方面，都需要同时考虑安全和环保因素。这种协同管理的方式使得化工安全和环保在实践层面上紧密相连。

事故应急处理的联合响应：当化工生产过程中发生事故时，往往需要同时启动安全应急和环保应急机制。通过联合响应和协同处置，可以最大限度地减少事故对环境和人体的影响，保障生产活动的顺利进行。

资源利用与废弃物处理的综合优化：化工安全和环保都关注资源利用和废弃物处理问题。通过采用循环经济的理念和技术手段，可以实现资源的高效利用和废弃物的减量化、无害化处理。这种综合优化的方式有助于提升化工产业的整体竞争力和可持续发展能力。

（三）案例分析

为了更好地理解化工安全与环保的关联性，我们可以分析一些具体的案例。例如，在某化工厂的生产过程中，由于设备老化和管理不善导致了一起泄漏事故。事故不仅造成了生产线的停产和员工的伤亡，还对环境造成了严重的污染。这起事故充分说明了化工安全与环保之间的紧密关联：一方面，安全问题的发生可能导致环境问题的加剧；另一方面，环境问题的恶化也可能对生产安全带来隐患。

（四）挑战与机遇

尽管化工安全与环保之间存在着密切的关联性，但在实际操作中仍面临着许多挑战。例如，如何平衡经济效益与环保要求、如何提升员工的安全意识和环保素养、如何加大监管和执法力度等。然而，这些挑战同时为化工产业带来了巨大的机遇。通过加强技术研发和创新、推广绿色生产和循环经济理念、完善法规政策和管理体系等措施，可以推动化工产业实现可持续发展。

综上所述，化工安全与环保之间存在着密切的关联性。这种关联性不仅体现在理论上，更在实际操作中表现得淋漓尽致。为了更好地促进化工产业的发展和进步，我们需要充分认识并重视这种关联性，加强协同管理和联合响应，共同推动化工产业实现可持续发展。

三、化工安全与环保的社会责任和经济效益

化工产业作为现代工业的重要组成部分，对于推动社会经济发展具有重要的作用。然而，随着公众对环境保护和安全生产意识的日益增强，化工企业所承担的社会责任也日益凸显。化工安全与环保不仅关系企业的可持续发展，更直接关系社会和谐与人民福祉。因此，深入探讨化工安全与环保的社会责任与经济效益，对于促进化工产业的健康发展具有重要意义。

（一）化工安全与环保的社会责任

1. 保障员工安全与健康

化工企业应首要承担保障员工安全与健康的社会责任。通过建立健全安全管理体系，加强员工安全培训，提高安全生产水平，确保员工在生产过程中的人身安全。此外，企业应关注员工的职业健康，采取有效措施预防和控制职业病的发生，保障员工的身体健康。

2. 减少环境污染与排放

化工企业在生产过程中会不可避免地产生废弃物和污染物。因此，企业应承担减少环境污染排放的社会责任。通过采用先进的清洁生产技术和环保设备，实现废弃物的减量化、资源化和无害化处理。同时，加强环境监测和信息公开，确保生产活动对环境的影响在可控范围内。

3. 促进社区和谐与发展

化工企业应积极履行促进社区和谐与发展的社会责任。通过加强与周边社区的沟通与协作，了解社区居民的诉求和期望，积极回应社会关切。同时，通过支持社区建设、参与公益活动等方式，为社区发展贡献力量，实现企业与社区的共赢发展。

（二）化工安全与环保的经济效益

1. 提高生产效率与降低成本

化工安全与环保的投入可以带来显著的经济效益。通过加强安全管理和环保措施，

可以有效减少生产过程中的事故和污染事件，降低企业的运营风险。同时，通过采用先进的生产技术和环保设备，可以提高生产效率和产品质量，降低生产成本，增强企业的市场竞争力。

2. 促进绿色产业发展与转型升级

化工安全与环保的推动有助于促进绿色产业的发展与转型升级。随着公众对环保意识的提高和政策的引导，绿色产业已成为新的经济增长点。化工企业通过加强安全与环保管理，可以推动自身向绿色、低碳、循环方向发展，实现产业的转型升级和可持续发展。

3. 提升企业品牌形象与信誉度

化工安全与环保的积极投入可以提升企业品牌形象和信誉度。在公众对环境保护和安全生产日益关注的背景下，注重安全与环保的企业往往能够获得更多的社会认可和支持。这不仅可以增强企业的社会影响力，还有助于吸引更多的合作伙伴和客户，为企业的长远发展奠定坚实基础。

（三）社会责任和经济效益的平衡与协同

化工安全与环保的社会责任与经济效益并非独立存在，而是相互促进、相互制约的关系。在实际操作中，企业需要平衡好社会责任与经济效益之间的关系，实现二者的协同发展。

首先，企业应将社会责任融入经营管理，将安全与环保作为企业的核心价值观和核心竞争力。通过加强内部管理和技术创新，不断提高安全生产和环保水平，实现经济效益和社会效益的双赢。

其次，企业需要加强与政府、社区、公众等利益相关方的沟通与协作，共同推动化工安全与环保事业的发展。通过积极参与政策制定、行业标准制定等过程，引导行业向更加安全、环保的方向发展。

最后，企业需要关注长远利益和可持续发展目标，避免短视行为和片面追求经济效益。通过加大安全与环保投入、推动绿色产业发展等措施，为企业的长远发展和社会和谐贡献力量。

综上所述，化工安全与环保的社会责任与经济效益是相互关联、相互促进的关系。企业需要充分认识并重视这种关系，通过加强内部管理、技术创新和与利益相关方的沟通协作，实现社会责任与经济效益的平衡与协同发展。这不仅有助于推动化工产业的健康发展和社会和谐稳定，更有助于提升企业的核心竞争力和可持续发展能力。

四、化工安全与环保的国际标准和认证体系

随着全球化的加速和国际贸易的日益频繁，化工安全与环保问题越来越受国际社会的关注。为了确保化工产业的安全与环保水平，各国纷纷制定并实施了相应的国际标准与认证体系。这些标准与认证体系不仅为化工企业提供了明确的指导和要求，也为国际社会提供了一个统一的评价和监管框架。本部分将详细介绍化工安全与环保领

域的国际标准与认证体系。

（一）国际标准的起源与发展

国际化工安全与环保标准的制定起源于 20 世纪末，当时工业化快速发展带来的环境问题日益严重，引起了国际社会的广泛关注。为了应对这一挑战，各国政府、国际组织和非政府组织开始合作，共同制定了一系列化工安全与环保的国际标准。这些标准不仅涵盖了化工生产过程中的安全、环保、健康等方面，还涉及产品的生命周期管理、废弃物处理等方面。

随着国际合作的深入和技术的不断进步，化工安全与环保的国际标准也在不断更新和完善。目前，已经形成了多个具有影响力的国际标准体系，如 ISO 14000 环境管理体系标准、OHSAS 18000 职业健康安全管理体系标准等。这些标准不仅为化工企业提供了明确的管理框架和指导原则，也为各国政府和国际组织提供了一个统一的监管和评价标准。

（二）主要国际标准与认证体系介绍

1. ISO 14000 环境管理体系标准

ISO 14000 系列标准是国际标准化组织（ISO）制定的一系列环境管理体系标准。该系列标准旨在帮助企业建立并实施一套完整的环境管理体系，包括环境政策、目标设定、计划制订、实施与运行、检查与纠正以及管理评审等环节。通过实施 ISO 14000 系列标准，企业可以系统地管理其环境行为，提高资源利用效率，减少环境污染，从而实现可持续发展。

2. OHSAS 18000 职业健康安全管理体系标准

OHSAS 18000 系列是国际劳工组织（ILO）制定的一系列职业健康安全管理体系标准。该系列标准旨在帮助企业建立并实施一套完整的职业健康安全管理体系，包括危险源识别、风险评估、预防措施制定、事故应急处理等环节。通过实施 OHSAS 18000 系列标准，企业可以增强员工的安全意识，降低事故发生率，保障员工的生命安全和身体健康。

（三）国际标准与认证体系对企业的影响

1. 提升企业竞争力

实施国际化工安全与环保标准可以显著提升企业竞争力。首先，这些标准可以帮助企业建立并完善其管理和监督体系，从而提高生产效率、降低成本并减少资源浪费。其次，通过获得国际认证，企业可以向全球市场展示其符合国际标准的产品和服务，增强消费者信心并扩大市场份额。

2. 促进可持续发展

国际化工安全与环保标准强调企业在追求经济效益的同时要关注环境和社会责任。通过实施这些标准，企业可以积极应对环境问题、减少污染排放、提高资源利用效率，并推动可持续发展目标的实现。这不仅有助于企业的长期稳定发展，也符合全球社会对可持续发展的期望和要求。

3. 加强国际合作与交流

国际化工安全与环保标准为企业提供了一个统一的评价和监管框架，有助于加强国际合作与交流。通过遵循这些标准，企业可以更容易地获得国际市场的认可和信任，从而拓展国际合作机会和业务范围。同时，这些标准为各国政府和国际组织提供了一个有效的监管工具，有助于推动全球化工产业的健康发展和环境保护事业的进步。

（四）总结与展望

化工安全与环保的国际标准与认证体系在推动全球化工产业的安全与环保水平方面发挥着重要作用。这些标准不仅为企业提供了明确的管理框架和指导原则，也为各国政府和国际组织提供了一个统一的监管和评价标准。随着技术的不断进步和国际合作的深入，未来这些标准将不断完善和发展，为全球化工产业的可持续发展和环境保护事业作出更大的贡献。同时，企业应积极响应这些标准的要求和挑战，加强内部管理和技术创新，不断提升自身的安全环保水平和社会责任感。

第三节　化工安全与环保的实践研究

一、化工安全与环保的实践案例分析

化工安全与环保的实践案例分析是理解和评估化工行业中安全管理和环境保护措施效果的重要途径。通过深入分析具体的案例，我们可以了解成功和失败的原因，从而提炼宝贵的经验教训，为未来的化工安全与环保工作提供指导。本节将选取几个典型的实践案例进行分析，旨在揭示化工安全与环保在实际操作中的挑战、应对策略及其效果。

案例一：某化工厂环境污染事件及其应对措施

背景：某化工厂因违规排放废水，导致周边环境受到严重污染，引发公众关注和抗议。

事件描述：该化工厂长期将未经处理的废水直接排入河流，导致河流水质恶化，水生生物死亡，周边居民饮用水安全受到威胁。当地居民发现后，纷纷向有关部门举报，并自发组织抗议活动。

应对措施：

1. 立即停止违规排放，启动应急处理机制。

2. 对受影响的河流进行生态修复，加强水质监测。

3. 对化工厂进行全面检查，确保其生产流程符合环保标准。

4. 公开道歉并承诺加强内部管理，确保类似事件不再发生。

效果评估：经过及时应对和整改，该化工厂成功解决了环境污染问题，恢复了河流水质，得到了公众的谅解和认可。同时，此次事件也促使该化工厂加强了环保意识和内部管理，有效预防了类似事件的再次发生。

案例启示：化工企业应严格遵守环保法规，加强内部管理，确保生产过程中的环境保护。政府和社会各界应加强监督和引导，共同维护环境安全。

案例二：某化工厂安全事故及其防范措施

背景：某化工厂在生产过程中发生爆炸事故，造成人员伤亡和财产损失。

事故描述：该化工厂在生产一种危险化学品时，由于操作失误和设备故障，导致反应失控，引发爆炸。事故造成多人伤亡，厂房和设备严重损毁。

防范措施：

1. 对事故原因进行深入调查，找出事故发生的根本原因。

2. 对事故责任人进行严肃处理，加强员工安全教育和培训。

3. 对生产设备和工艺进行全面检查和改造，确保符合安全标准。

4. 建立完善的安全管理体系和应急预案，加强日常安全检查和隐患排查。

效果评估：通过采取一系列防范措施，该化工厂成功消除了安全隐患，提高了安全生产水平。同时，该化工厂也加强了对员工的安全教育和培训，增强了员工的安全意识和应急能力。

案例启示：化工企业应高度重视安全生产工作，加强员工安全教育和培训，确保生产设备和工艺符合安全标准。建立完善的安全管理体系和应急预案是保障化工安全的重要措施。

案例三：某化工厂绿色转型实践

背景：面对日益严格的环保法规和市场需求，某化工厂决定进行绿色转型，提高资源利用效率和环保绩效。

实践描述：该化工厂采取了一系列绿色转型措施，包括采用清洁生产技术替代传统的高污染、高能耗工艺，开发高效节能的设备和系统，利用废弃物进行资源回收等。同时，该化工厂还加强了与科研机构和高等学校的合作，引进先进的环保技术和人才支持。

效果评估：经过绿色转型实践，该化工厂成功降低了能耗和污染物排放，提高了资源利用效率。同时，绿色转型也为企业带来了经济效益和社会效益的双赢局面，增强了企业的竞争力和可持续发展能力。

案例启示：化工企业应积极响应环保政策和市场需求，加强技术创新和研发投入，推动绿色转型和可持续发展。这不仅有助于提高企业的环保绩效和市场竞争力，也是实现化工行业可持续发展的必经之路。

综上所述，通过实践案例分析，我们可以看到化工安全与环保工作在实际操作中的挑战和应对策略。这些案例不仅为我们提供了宝贵的经验教训，也为我们指明了未来的发展方向。在未来的化工安全与环保工作中，我们应注重技术创新、加强内部管理、建立完善的安全管理体系和应急预案、推动绿色转型和可持续发展等方面的工作，共同维护环境安全和人民健康。

二、化工安全与环保的政策导向和支持措施

化工产业作为国民经济的重要支柱，其安全与环保工作不仅关乎产业自身的发展，更直接关系生态环境保护和人民群众的生命财产安全。因此，政府和相关部门在推动化工安全与环保工作中扮演着至关重要的角色。政策导向与支持措施是推动化工安全与环保事业发展的重要保障，本节将详细探讨政府在化工安全与环保方面的政策导向及支持措施。

（一）政策导向

1. 坚持绿色发展理念

政府应明确坚持绿色发展理念，将化工安全与环保纳入国家发展战略，强化政策引导，推动化工产业向绿色、低碳、循环方向发展。通过制定相关政策和规划，引导企业加大环保投入，优化生产流程，减少污染物排放，实现经济效益和环境效益的双赢。

2. 强化法规制度建设

政府应完善化工安全与环保的法律法规体系，制定更加严格的环境保护标准和安全生产要求。同时，加大对违法违规行为的处罚力度，强化执法监督，确保各项法规制度得到有效执行。通过建立健全的法规制度，为化工安全与环保工作提供坚实的法律保障。

3. 推动技术创新和产业升级

政府应鼓励和支持化工企业进行技术创新和产业升级，推动行业技术进步。通过设立专项资金、提供税收优惠等措施，引导企业加大研发投入，开发高效环保的生产技术和设备。同时，加强与国际先进水平的对接和合作，引进先进技术和管理经验，提升我国化工产业的整体竞争力。

（二）支持措施

1. 加大财政投入力度

政府应加大对化工安全与环保工作的财政投入力度，提供专项资金支持。这些资金可用于支持企业开展安全环保技术改造、建设安全环保设施、开展安全环保培训等方面。通过财政投入的支持，推动化工企业提升安全环保水平，降低事故风险。

2. 提供税收优惠

政府可以通过税收优惠政策，鼓励企业加大在化工安全与环保方面的投入。例如，对符合环保要求的企业给予所得税减免、增值税优惠等税收优惠政策。这些政策可以降低企业的运营成本，激发企业开展安全环保工作的积极性。

3. 加强技术研发与推广

政府应支持化工企业进行技术研发与创新，推动安全环保技术的升级换代。通过

设立科研项目、提供研发资金支持等方式，鼓励企业开展新技术、新工艺的研发。同时，加强技术成果的推广与应用，促进先进技术在行业内的普及与推广。

4. 加强人才培养与引进

政府应重视化工安全与环保领域的人才培养与引进工作。通过加强高等学校、科研机构与企业的合作与交流，培养一批具备专业素养和实践经验的化工安全与环保人才。同时，积极引进国际先进人才和技术，提升我国化工安全与环保领域的整体水平。

5. 强化国际合作与交流

政府应加强与国际组织和其他国家的合作与交流，共同推动化工安全与环保事业的发展。通过参与国际合作项目、举办国际会议等方式，学习借鉴国际先进经验和技术成果，提升我国化工安全与环保工作的国际化水平。

（三）总结与展望

综上所述，政府在化工安全与环保方面的政策导向与支持措施对于推动产业绿色发展和保障人民群众生命财产安全具有重要意义。未来，政府应继续加大政策扶持力度，完善法规制度体系，强化技术创新和产业升级，提升化工安全与环保工作的整体水平。同时，加强国际合作与交流，共同应对全球性环境挑战和安全风险，推动化工产业实现可持续发展。

三、化工安全与环保的教育和培训

化工安全与环保的教育与培训是确保化工行业安全、高效、可持续发展的重要环节。通过教育和培训，能够提升从业人员的安全环保意识，增强他们应对风险和危机的能力，为化工行业的健康发展提供坚实的人才保障。本节将详细探讨化工安全与环保的教育与培训的重要性、现状与挑战，以及内容和方法。

（一）化工安全与环保教育和培训的重要性

化工安全与环保教育和培训对于保障化工行业安全、防止环境污染、提高工作效率具有重要意义。首先，通过教育和培训可以提升员工的安全环保意识，使他们充分认识安全环保工作的重要性，从而自觉遵守安全环保规章制度。其次，教育和培训能够提高员工的专业技能和应急处理能力，使他们在面对突发事故时能够迅速、准确地采取应对措施，减少事故损失。最后，通过教育和培训还可以培养员工的责任感和使命感，使他们更加积极地参与化工安全与环保工作，共同推动行业的健康发展。

（二）化工安全与环保教育和培训的现状与挑战

目前，我国化工行业在安全与环保教育和培训方面已经取得了一定的成绩，但仍存在一些问题和挑战。首先，部分企业对安全环保教育和培训的重视程度不够，投入不足，导致教育和培训的效果不佳。其次，教育和培训的内容和方法相对单一，缺乏针对性和实效性，难以满足员工多样化的学习需求。此外，随着化工行业技术的不断发展和更新，对从业人员的安全环保知识和技能要求也越来越高。这对教育和培训工作提出了更高的要求。

（三）化工安全与环保教育和培训的内容和方法

针对以上问题和挑战，化工安全与环保的教育与培训应注重以下几个方面：

1. 培训内容要全面、实用

培训内容应涵盖化工安全基础知识、环保法规、应急预案等多个方面，注重理论与实践相结合。同时，针对不同岗位和职责的员工，培训内容应有所侧重，以满足他们的实际需求。

2. 培训方法要灵活多样

采用多种培训方法，如课堂教学、案例分析、模拟演练等，以提高员工的参与度和学习效果。同时，可以利用现代信息技术手段，如远程教育平台、虚拟现实技术等，创新培训方式，提高培训效率和质量。

3. 加强师资队伍建设

建设一支高素质、专业化的师资队伍是确保化工安全与环保教育和培训质量的关键。应加强对师资的选拔和培养，提高他们的教学水平和专业素养。同时，鼓励教师积极参与行业实践和研究，不断更新和丰富教学内容和方法。

4. 建立评估和反馈机制

建立完善的评估和反馈机制，对教育和培训的效果进行定期评估和总结，及时发现问题并改进。同时，收集员工的反馈意见和需求，不断调整和优化教育和培训方案，以满足员工的实际需求和发展需要。

（四）总结与展望

化工安全与环保的教育与培训是确保化工行业安全、高效、可持续发展的重要保障。未来，随着化工行业技术的不断发展和更新，对从业人员的安全环保知识和技能要求将越来越高。因此，我们应继续加强化工安全与环保的教育与培训工作，提高教育和培训的质量和效果，为行业的健康发展提供坚实的人才保障。同时，积极探索和创新教育和培训方式和方法，以适应行业发展的新需求和新挑战。

第二章 化工生产工艺与安全管理

第一节 化工生产工艺的安全设计与运行

一、化工生产工艺的安全设计与评估

化工生产工艺的安全设计与评估是确保化工生产过程安全、稳定、高效进行的关键环节。化工生产工艺的安全设计与评估不仅关乎生产设备的可靠性和稳定性，还涉及生产过程中人员的安全以及环境的保护。因此，对于化工生产工艺的安全设计与评估，需要严谨、细致和全面的工作方法和流程。

（一）化工生产工艺安全设计的重要性

化工生产工艺的安全设计是确保化工生产过程稳定、高效、环保运行的关键环节。它涉及化工生产的全过程，包括原料的选取、工艺流程的设计、设备的选择、操作条件的确定等。安全设计的目的是预防和控制化工生产过程中可能出现的危险和有害因素，保障人员安全、保护环境、提高生产效率，并推动化工行业的可持续发展。

1. 保障人员安全

在化工生产过程中，由于涉及大量的有毒、有害、易燃易爆物质，一旦发生事故，后果往往十分严重，甚至可能威胁人员的生命安全。因此，安全设计的首要任务就是消除或减少这些隐患，确保员工在一个安全的工作环境中进行生产操作。这包括选择安全性能高的原料、设计合理的工艺流程、选用可靠的设备等方面。

2. 保护环境

化工生产过程中产生的废弃物和污染物如果处理不当，将对环境造成严重影响，甚至可能导致生态破坏和环境污染。安全设计需要充分考虑废弃物的处理和污染物的减排，采用环保型工艺和设备，减少其对环境的影响。这不仅有助于维护生态平衡，还能降低企业的环保成本，树立企业的良好社会形象。

3. 提高生产效率

安全设计不仅可以保障生产过程的安全性，还可以通过优化工艺流程和设备配置，提高生产效率。合理的工艺流程和设备配置可以减少生产过程中的能耗和物耗，提高

产品质量和产量，从而降低生产成本，提高企业的经济效益。

（二）化工生产工艺安全设计的基本原则

在进行化工生产工艺的安全设计时，需要遵循以下几个基本原则，以确保设计的安全性和有效性。

1. 安全性原则

安全性原则是化工生产工艺安全设计的首要原则。它要求工作人员在设计过程中始终将安全放在首位，确保设备和工艺能够满足安全生产的要求。这包括选择安全性能高的原料、设计合理的工艺流程、选用可靠的设备、设置完善的安全防护设施等方面。同时，还需要对生产过程中可能出现的危险和有害因素进行全面分析和评估，采取相应的控制措施，确保生产过程的安全性。

2. 可靠性原则

可靠性原则要求设备和工艺具有高度的可靠性，能够在恶劣的工作环境下长时间稳定运行。这需要对设备和工艺进行全面测试和验证，确保其性能稳定、可靠。同时，还需要考虑设备的维护和保养问题，确保设备能够及时得到维修和保养，保持其良好的运行状态。

3. 经济性原则

经济性原则要求在进行化工生产工艺安全设计时，需要在满足安全性和可靠性的前提下，尽量降低生产成本，提高经济效益。这需要对原料、设备、工艺等方面进行全面比较和评估，选择性价比高的方案。同时，还需要考虑生产过程中的能耗和物耗问题，采取相应的节能减排措施，降低生产成本。

4. 环保性原则

环保性原则要求在进行化工生产工艺安全设计时，需要充分考虑环境保护的要求，减少废弃物的产生和污染物的排放。这需要采用环保型工艺和设备，对废弃物和污染物进行有效处理和减排。同时，还需要考虑到生产过程中的能源消耗和碳排放问题，采取相应的节能减排措施，降低其对环境的影响。

总之，化工生产工艺的安全设计是确保化工生产过程稳定、高效、环保运行的关键环节。在进行安全设计时，需要遵循安全性、可靠性、经济性和环保性等原则，确保设计的安全性和有效性。只有这样，才能保障人员的生命安全，并保护环境，以提高生产效率，推动化工行业的可持续发展。

（三）化工生产工艺安全设计的主要内容

化工生产工艺的安全设计主要包括以下几个方面：

工艺流程设计：工艺流程设计是化工生产工艺安全设计的基础，需要考虑原料的性质、反应条件、设备配置等因素，确保工艺流程的安全性和稳定性。

设备选型与设计：设备选型与设计是确保化工生产安全的关键环节，需要选择符合安全生产要求的设备，并进行合理设计和优化，确保设备在运行过程中的安全性和稳定性。

安全防护措施：安全防护措施是保障化工生产安全的重要手段，包括防爆、防火、防毒、防腐等措施，需要针对不同的设备和工艺进行具体的设计和实施。

自动化控制系统设计：自动化控制系统可以提高化工生产的自动化水平，减少人为操作失误带来的安全隐患，提高生产过程的安全性和稳定性。

（四）化工生产工艺安全评估的方法与流程

化工生产工艺的安全评估是对已设计的化工生产工艺进行安全性分析和评价的过程，旨在发现和评估生产过程中可能存在的安全隐患和风险，为生产过程的安全管理提供依据。安全评估的方法与流程主要包括以下几个步骤：

确定评估对象和范围：明确评估的化工生产工艺和设备，以及评估的范围和重点。

收集相关资料：收集与评估对象相关的工艺流程图、设备图纸、操作规程等资料，为评估提供基础数据。

进行安全分析：通过对工艺流程和设备配置的分析，找出可能存在的安全隐患和风险点。

制定安全措施：针对分析的安全隐患和风险点，制定相应的安全措施和应急预案。

评估结果汇总与报告：将评估结果汇总整理成报告，为企业的安全管理提供决策依据。

（五）总结与展望

化工生产工艺的安全设计与评估是确保化工生产过程安全、稳定、高效进行的关键环节。随着化工行业的不断发展，对生产工艺的安全设计和评估提出了更高的要求。未来，我们需要继续加强对化工生产工艺的安全设计与评估研究，不断探索新的设计方法和评估手段，提高化工生产的安全性和环保性。同时，还需要加强对化工生产人员的安全教育和培训，增强他们的安全意识和应急处理能力，为化工行业的可持续发展提供坚实保障。

二、化工生产设备的安全运行

化工生产设备的安全运行与维护是确保化工生产过程连续、稳定、安全进行的重要保障。设备的稳定运行直接关系生产效率和产品质量，同时对于预防生产事故、保障人员安全及保护环境也具有重要意义。因此，化工企业应高度重视化工生产设备的安全运行与维护工作。

（一）化工生产设备安全运行的重要性

化工生产设备的安全运行是化工生产过程中的核心要求之一。其重要性主要体现在以下几个方面：

保障生产连续性：化工生产设备的安全运行能够确保生产过程的连续性和稳定性，

避免因设备故障导致的生产中断，从而保证生产计划的顺利执行。

提高产品质量：设备的稳定运行有助于控制生产过程中的各种参数，确保产品质量稳定可靠，满足市场需求。

预防生产事故：化工生产设备的安全运行能够有效预防生产事故的发生，降低因设备故障引发的人员伤亡和财产损失风险。

保护环境：设备的稳定运行有助于减少废弃物的产生和污染物的排放，从而保护环境，实现绿色生产。

（二）化工生产设备安全运行的基本要求

为确保化工生产设备的安全运行，需要满足以下基本要求：

设备性能稳定：设备性能应具有良好的稳定性，能够在恶劣的工作环境下长时间稳定运行。

操作规范：操作人员应熟悉设备的操作规程和安全要求，确保设备的正确操作和维护。

安全防护措施：设备应具备必要的安全防护措施，如防爆、防火、防毒、防腐等，以减少安全隐患。

定期检测与维护：定期对设备进行检测和维护，及时发现并处理潜在的安全隐患。

（三）化工生产设备安全运行与维护的主要措施

为确保化工生产设备的安全运行与维护，需要采取以下主要措施：

建立健全设备管理制度：企业应制定完善的设备管理制度，明确设备的运行、维护、检修等要求，确保设备管理的规范化和科学化。

加强设备巡检与监测：定期对设备进行巡检和监测，及时发现并处理设备的异常情况，防止设备故障的发生。

强化设备维护保养：按照设备维护保养要求，定期对设备进行清洗、润滑、紧固等操作，保持设备的良好状态。

提高操作人员素质：加强操作人员的培训和教育，增强他们的操作技能和安全意识，确保设备的正确操作和维护。

建立应急处理机制：针对可能出现的设备故障和安全事故，企业应建立完善的应急处理机制，确保在突发事件发生时能够及时响应和处理。

（四）案例分析与实践经验

通过对实际案例的分析和实践经验的总结，可以发现以下几点对于化工生产设备的安全运行与维护至关重要：

重视设备的预防性维护：通过定期的设备检测和维护保养，及时发现并处理设备的潜在问题，避免设备故障的发生。

加强设备巡检与监测：通过定期的巡检和监测，及时发现设备的异常情况并采取相应措施，防止设备故障扩大化。

增强操作人员的安全意识：加强操作人员的安全教育和培训，增强他们的安全意识和应急处理能力，确保设备的安全运行。

建立完善的应急处理机制：针对可能出现的设备故障和安全事故，企业应建立完善的应急处理机制，确保在突发事件发生时能够及时响应和处理。

（五）总结与展望

化工生产设备的安全运行与维护是确保化工生产过程连续、稳定、安全进行的重要保障。企业需要高度重视设备的安全运行与维护工作，通过建立健全设备管理制度、加强设备巡检与监测、强化设备维护保养、提高操作人员素质以及建立应急处理机制等措施，确保设备的安全运行。未来，随着化工行业的不断发展和技术进步，化工生产设备的安全运行与维护将面临新的挑战和机遇。企业需要不断探索新的技术和方法，提高设备的安全性和可靠性，为化工生产的可持续发展提供坚实保障。同时，政府和社会各界也应加强对化工生产设备安全运行与维护的监管和支持，共同推动化工行业的绿色发展和安全生产。

三、化工生产过程中的危险源与风险评估

化工生产过程涉及众多复杂的反应。这些过程往往伴随着高温、高压、易燃易爆、有毒有害等危险因素。因此，对化工生产过程中的危险源进行识别和风险评估至关重要。本节将详细探讨化工生产过程中的危险源与风险评估。

（一）化工生产过程中的危险源识别

危险源是指可能导致人员伤亡、财产损失或环境破坏的因素或条件。在化工生产过程中，危险源主要包括以下几个方面：

化学反应危险源：化工生产过程中的化学反应往往伴随着能量的释放或吸收，如果反应失控或操作不当，可能引发火灾、爆炸等事故。

物理危险源：高温、高压、低温、真空等物理条件可能导致设备损坏、泄漏等事故，进而引发火灾、中毒等。

机械危险源：化工生产设备中的旋转部件、传动装置等可能导致机械伤害事故，如夹伤、割伤等。

生物危险源：某些化工生产过程中使用的微生物、有毒有害物质等可能对人员健康造成危害。

人为因素危险源：操作失误、违规操作、安全意识薄弱等人为因素可能导致事故的发生。

（二）危险源风险评估方法

风险评估是对危险源可能导致的后果进行定性和定量评估的过程，旨在确定危险

源的风险等级和制定相应的风险控制措施。常用的危险源风险评估方法包括以下几种：

风险矩阵法：将危险源的可能性和后果进行分级，通过构建风险矩阵来评估风险等级。该方法简单易行，适用于初步风险评估。

故障模式与影响分析：通过分析系统中可能出现的故障模式及其对系统性能的影响，评估危险源的风险。该方法适用于对复杂系统进行详细风险评估。

危险与可操作性分析：通过对化工生产过程中的操作步骤、设备配置等进行系统分析，识别潜在的危险和可操作性问题，评估危险源的风险。该方法适用于对化工生产过程进行深入风险评估。

（三）风险评估结果的应用

进行危险源风险评估后，应根据评估结果采取相应的风险控制措施，以降低事故发生的概率和影响程度。风险控制措施包括以下几个方面：

技术控制措施：通过改进生产工艺、优化设备配置、提高自动化水平等措施，降低危险源的风险。

管理控制措施：通过建立完善的安全管理制度、加强人员培训和教育、增强安全意识等措施，减少人为因素导致的事故风险。

应急响应措施：制定有针对性的应急响应措施，确保在事故发生时能够及时响应和处理。

（四）案例分析与实践经验

通过对案例的分析和实践经验的总结，可以发现以下几点对于化工生产过程中的危险源与风险评估至关重要：

重视危险源识别：全面、系统地识别化工生产过程中的危险源，确保不遗漏任何可能导致事故的因素。

采用科学的风险评估方法：根据实际情况选择合适的风险评估方法，确保评估结果的准确性和可靠性。

制定有效的风险控制措施：针对评估结果制定相应的风险控制措施，确保措施的有效性和可操作性。

加强安全管理和应急响应：建立完善的安全管理制度和应急响应机制，提高化工生产过程的安全保障水平。

（五）总结与展望

化工生产过程中的危险源与风险评估是确保化工生产安全的重要手段。企业应高度重视危险源的识别和风险评估工作，采用科学的风险评估方法，制定有效的风险控制措施，加强安全管理和应急响应，为化工生产的可持续发展提供坚实保障。未来，随着化工行业的不断发展和技术进步，危险源与风险评估将面临新的挑战和机遇。企业需要不断探索新的技术和方法，提高危险源识别和风险评估的准确性和可靠性，为化工生产的安全发展贡献力量。同时，政府和社会各界也应加强对化工生产安全的监管和支持，共同推动化工行业的绿色发展和安全生产。

四、化工事故应急预案与处置措施

化工事故应急预案与处置措施是确保化工企业在发生事故时能够迅速、有效地应对，减少人员伤亡、财产损失和环境污染的关键环节。建立健全的应急预案和制定科学合理的处置措施，对于提高企业的安全生产水平和应对突发事件的能力具有重要意义。

（一）化工事故应急预案的重要性

化工事故应急预案是针对化工生产过程中可能发生的各类事故而预先制订的应对方案。其重要性主要体现在以下几个方面：

指导应急响应：应急预案为应急响应提供了明确指导，使企业在事故发生时能够迅速、有序地展开救援行动。

减少损失：通过预先制定的应对方案和措施，企业可以在事故发生时迅速控制局面，减少人员伤亡、财产损失和环境污染。

提高应对能力：应急预案的制订和实施，可以提高企业应对突发事件的能力和水平，增强企业的安全生产意识。

（二）化工事故应急预案的编制原则

在编制化工事故应急预案时，应遵循以下几个原则：

科学性原则：应急预案的编制应基于科学的风险评估和事故分析，确保预案的针对性和可操作性。

实用性原则：应急预案应紧密结合企业的实际情况和需求，注重实用性和可操作性。

系统性原则：应急预案应涵盖化工生产的全过程，形成一个完整、系统的应对体系。

可持续性原则：应急预案应随着企业发展和外部环境的变化而不断修订和完善，确保其长期有效。

（三）化工事故应急预案的主要内容

化工事故应急预案主要包括以下几个方面的内容：

事故分类与分级：明确化工事故的分类和分级标准，为应急响应提供明确的指导。

应急组织体系：建立健全的应急组织体系，明确各级应急指挥机构的职责和权限。

应急资源保障：确保应急救援所需的物资、设备、人员等资源的充足和有效。

应急通信与信息报告：建立畅通的应急通信渠道，确保信息报告的及时、准确和有效。

应急处置流程：制定详细的应急处置流程，包括事故报告、应急启动、现场处置、救援支援、后期处置等各个环节。

应急培训与演练：加强应急培训和演练，增强员工的应急意识和自救互救能力。

（四）化工事故应急处置措施

在化工事故发生时，应迅速启动应急预案，采取科学合理的处置措施。常见的化工事故应急处置措施包括以下几个方面：

立即停车：发生事故时驾驶员应立即停车，并开启危险报警灯，以警示其他车辆。如果事故发生在高速公路上，应在确保安全的情况下逐步减速并靠边停车。

疏散人员：在确保自身安全的情况下，迅速疏散事故现场的人员，特别是那些受伤或中毒的人员。要将他们转移到安全区域，并采取必要的急救和防护措施。

防止火灾和爆炸：针对化工事故可能引发的火灾和爆炸风险，应采取相应的预防措施。如切断火源、防止静电火花、控制可燃物等。同时，准备好灭火器材和消防设备，以便在必要时进行灭火和救援。

防止有毒有害物质扩散：化工事故可能涉及有毒有害物质的泄漏和扩散。因此，在应急处置过程中，应采取措施防止这些物质扩散到周围环境中。如使用吸附材料、封堵泄漏点、启动排风系统等。

配合调查处理：在事故发生后，应积极配合相关部门进行调查处理工作。提供事故的相关信息和资料，协助调查人员了解事故原因和责任。同时，根据调查结果和教训，及时修订和完善应急预案和处置措施。

（五）案例分析与实践经验

通过对实际案例的分析和实践经验的总结，可以发现以下几点对于化工事故应急预案与处置措施至关重要：

预案制订要全面细致：在制订化工事故应急预案时，应全面考虑可能发生的各类事故和风险因素，确保预案的针对性和可操作性。

应急资源保障要充足有效：确保应急救援所需的物资、设备、人员等资源的充足和有效是应对化工事故的关键。企业应建立完善的应急资源保障体系，并定期进行检查和维护。

应急处置要迅速科学：在化工事故发生时，应迅速启动应急预案，采取科学合理的处置措施。同时，要加强与相关部门和机构的沟通协调，确保应急处置工作的顺利进行。

应急培训和演练要加强：加强应急培训和演练是增强员工应急意识和自救互救能力的重要手段。企业应定期组织员工进行应急培训和演练，确保员工具备应对突发事件的能力和素质。

（六）总结与展望

化工事故应急预案与处置措施是确保化工企业在发生事故时能够迅速、有效地应对的关键环节。建立健全的应急预案和制定科学合理的处置措施对于提高企业的安全生产水平和应对突发事件的能力具有重要意义。未来，随着化工行业的不断发展和技术进步，化工事故应急预案与处置措施将面临新的挑战和机遇。企业需要不断探索新的技术和方法，提高应急预案的针对性和可操作性，加强应急资源保障和应急处置能力建设，为化工生产的安全发展贡献力量。同时，政府和社会各界也应加强对化工安全生产的监管和支持，共同推动化工行业的绿色发展和安全生产。

第二节 化工生产工艺的安全监控与管理

一、化工生产工艺安全监控与管理的意义和内容

化工生产工艺的安全监控与管理是确保化工生产安全、稳定、高效运行的重要环节。它涉及对生产过程的全面监控、风险识别与控制、事故预防与应对等多个方面。加强化工生产工艺的安全监控与管理，对于保障生产人员的生命安全、保护企业财产安全以及维护环境安全具有重要意义。

（一）化工生产工艺安全监控与管理的重要性

化工生产工艺具有高温、高压、易燃易爆、有毒有害等特点，一旦发生事故，后果往往十分严重。因此，对化工生产工艺进行安全监控与管理至关重要。它可以帮助企业及时发现并处理生产过程中的安全隐患，防止事故的发生；可以提高生产过程的稳定性和可控性，确保产品质量和生产效率；还可以降低生产成本，提高企业的经济效益和社会形象。

（二）化工生产工艺安全监控的主要内容

化工生产工艺安全监控的主要内容包括以下几个方面：

实时监控与数据采集：通过安装各种传感器和仪表，对生产过程中的温度、压力、流量、液位等关键参数进行实时监控和数据采集。确保生产过程处于安全可控状态。

风险识别与评估：结合生产工艺的特点和历史数据，对生产过程中可能出现的风险进行识别和评估。通过风险矩阵等方法，确定风险等级，制定相应的风险控制措施。

异常检测与预警：利用先进的监控技术和数据分析方法，对生产过程中的异常情况进行检测并发出预警。及时发现并处理潜在的安全隐患，防止事故的发生。

事故调查与处理：一旦发生事故，要迅速启动应急预案，组织专业人员进行事故调查与处理。分析事故原因，总结经验教训，完善监控与管理措施，防止类似事故的再次发生。

（三）化工生产工艺安全管理的主要措施

为了加强化工生产工艺的安全管理，可以采取以下措施：

制定完善的安全管理制度：企业应制定完善的安全管理制度，明确各级人员的职责和权限。通过制度化管理规范生产行为，降低安全风险。

加强人员培训与教育：定期对生产人员进行安全培训和教育，增强员工的安全意识和操作技能。使员工熟悉生产工艺流程、掌握安全操作规程，增强应对突发事件的能力。

强化现场安全管理：加强对生产现场的安全管理，确保设备设施的正常运行和维护。定期对设备进行检修和维护保养，防止设备故障引发安全事故。

建立应急救援体系：建立完善的应急救援体系，包括应急预案的制订、应急资源的储备、应急队伍的建设等。确保在发生事故时能够迅速响应并进行有效处置。

（四）案例分析与实践经验

通过对实际案例的分析和实践经验的总结，可以发现以下几点对于化工生产工艺的安全监控与管理至关重要：

重视实时监控与数据采集：实时监控和数据采集是发现安全隐患的重要手段。企业应建立完善的监控体系，确保数据准确可靠并及时处理异常情况。

强化风险识别与评估：风险识别与评估是预防事故的关键环节。企业应结合生产工艺特点和实际情况，定期开展风险评估工作，制定有针对性的风险控制措施。

增强员工安全意识和操作技能：员工是生产过程中的主体力量。加强员工的安全培训和教育是提高整体安全水平的重要途径。企业应注重培训质量和效果评估，确保员工具备必要的安全知识和技能。

加强现场管理和应急救援体系建设：现场管理和应急救援体系是保障生产安全的重要支撑。企业应加强对现场的管理和监督检查力度，确保各项安全措施得到有效执行；同时建立完善的应急救援体系，提高应对突发事件的能力。

（五）总结与展望

化工生产工艺的安全监控与管理是确保化工生产安全、稳定、高效运行的重要保障。加强安全监控与管理需要企业从制度、人员、设备等多个方面入手，建立完善的监控体系和管理机制。未来随着科技的不断进步和创新发展，化工生产工艺的安全监控与管理将面临新的挑战和机遇。企业应积极探索新的技术和方法，提高监控效率和准确性；同时加强与政府、行业协会等各方合作与交流，共同推动化工行业的绿色发展和安全生产。

二、化工生产过程中的废弃物处理与资源化利用

化工生产过程中产生的废弃物处理与资源化利用是一个关键议题，对于环境保护、资源节约和可持续发展具有重要意义。随着环境保护意识的提高和法规的日益严格，化工企业面临着越来越大的压力，需要采取有效的措施来处理和利用这些废弃物。

（一）化工废弃物的分类与特点

化工废弃物主要包括生产过程中产生的废水、废气、废渣以及废催化剂等。这些

废弃物通常具有成分复杂、有害物质含量高、处理难度大等特点。根据废弃物的性质和处理方法的不同，可以将其分为以下几类：

有机废弃物：主要包括有机溶剂、废油、废液等，通常含有较高浓度的有机物和毒性物质。

无机废弃物：主要包括废盐、废酸、废碱等，通常具有较强的酸碱性和腐蚀性。

固体废弃物：主要包括废催化剂、废活性炭、废过滤材料等，通常含有多种有害物质和重金属。

危险废弃物：指那些具有易燃、易爆、有毒、有害等特性的废弃物，需要特别处理和处置。

（二）化工废弃物的处理方法

针对不同类型的化工废弃物，可以采取不同的处理方法。常见的处理方法包括物理处理、化学处理、生物处理和热处理等。

物理处理：主要包括分离、过滤、沉淀、吸附等方法，用于去除废弃物中的悬浮物、沉淀物和有害物质。

化学处理：主要包括中和、氧化、还原等方法，用于将废弃物中的有害物质转化为无害或低毒性物质。

生物处理：主要包括好氧生物处理、厌氧生物处理和生物修复等方法，利用微生物的作用将废弃物中的有机物降解为无机物。

热处理：主要包括焚烧和热解等方法，通过高温将废弃物中的有机物分解为无害物质或小分子物质。

（三）化工废弃物的资源化利用

化工废弃物的资源化利用是指将废弃物转化为有价值的资源或产品，实现废弃物的减量化、资源化和无害化。常见的资源化利用方式包括回收、再利用和能源化利用等。

回收：将废弃物中的有用物质进行分离和提纯，再作为原料或辅料使用。例如，废催化剂中的金属元素可以通过回收再利用，减少资源消耗。

再利用：将废弃物直接或经过简单处理后再次用于化工生产。例如，废液经过处理后可以作为洗涤水或冷却水再次使用。

能源化利用：将废弃物通过燃烧或发酵等方式转化为热能或生物质能等能源。例如，废有机溶剂可以通过焚烧产生热能，用于化工生产过程中的加热或发电。

（四）化工废弃物处理与资源化利用的挑战和对策

化工废弃物的处理与资源化利用面临着诸多挑战，如技术难度大、成本高昂、法规限制等。为了应对这些挑战，可以采取以下对策：

加强技术研发和创新：研发更加高效、环保、经济的废弃物处理技术和资源化利用技术，提高废弃物的处理效率和资源化利用率。

强化法规监管和政策引导：加强对化工废弃物的监管和管理，制定更加严格的法规和标准；同时出台相关政策，鼓励企业采取环保措施和资源化利用措施。

建立废弃物处理与资源化利用产业链：将废弃物处理与资源化利用纳入产业链，形成完整的循环经济体系，实现废弃物的减量化、资源化和无害化。

加强企业和社会参与：鼓励企业积极参与废弃物处理与资源化利用工作，同时加强社会监督和参与，形成全社会共同参与的良好氛围。

（五）总结与展望

化工生产过程中的废弃物处理与资源化利用是化工企业实现可持续发展和环境保护的关键环节。通过采用合适的处理方法和资源化利用方式，可以有效减少废弃物的排放和对环境的影响，同时实现资源的节约和循环利用。未来，随着技术的不断进步和环保要求的提高，化工废弃物的处理与资源化利用将面临更大的挑战和机遇。企业需要加强技术研发和创新，强化法规监管和政策引导，建立废弃物处理与资源化利用产业链，推动化工行业的绿色发展和可持续发展。同时，政府、行业协会和社会各界也应加强合作与交流，共同推动化工废弃物的处理与资源化利用工作取得更大的进展。

三、化工生产过程中的能源消耗与节能措施

化工生产是一个能源消耗密集的行业，其能源消耗量占总能源消耗量的比重较大。随着全球能源短缺和环境保护意识的提高，化工生产过程中的能源消耗与节能措施越来越受到关注。如何在保证产品质量和生产效率的同时，降低能源消耗，成为化工企业亟待解决的问题。

（一）化工生产过程中的能源消耗特点

化工生产过程中的能源消耗主要集中在热能、电能和动力能等方面。这些能源消耗的特点如下：

热能消耗大：化工生产中的许多反应需要在高温下进行，因此热能消耗量比较大。例如，合成氨、炼油等生产过程中，需要消耗大量的热能来维持反应温度。

电能消耗大：化工生产中的许多设备，如泵、压缩机、搅拌器等都需要消耗大量的电能。此外，化工企业还需要为生产设备的运行和维护提供稳定的电力。

动力能消耗大：化工生产过程中，除热能和电能外，还需要消耗其他形式的动力能，如蒸汽、压缩空气等。这些动力能的消耗贯穿于整个生产过程中，对生产效率和质量产生直接影响。

（二）化工生产过程中的节能措施

针对化工生产过程中能源消耗的特点，可以采取以下节能措施：

优化生产流程：通过改进生产工艺，优化生产流程，减少不必要的能量转换和损

失。例如，采用先进的反应技术、优化设备配置等，提高生产过程的能量利用效率。

提高设备效率：选用高效节能设备，提高设备的运行效率。例如，采用变频调速技术、优化设备维护等，降低设备的能耗。

回收利用余热余压：化工生产过程中产生的余热余压可以进行回收利用，提高能源利用效率。例如，利用余热发电、回收蒸汽等，将废热转化为有用能源。

加强能源管理：建立完善的能源管理制度，加强能源计量和统计，实时监测和分析能源消耗情况。通过制定合理的能源消耗定额和考核标准，激发员工节能降耗的积极性。

推广新能源技术：积极推广新能源技术，如太阳能、风能等可再生能源在化工生产中的应用。这不仅可以降低能源消耗，还有助于减少环境污染。

（三）节能措施的实施与效果评估

实施节能措施后，需要对节能效果进行评估，以便及时调整和优化节能策略。评估方法主要包括能耗对比分析、经济效益评估和环境效益评估等。

能耗对比分析：通过对比实施节能措施前后的能源消耗数据，分析节能措施对能源消耗的影响程度。这有助于发现能源消耗的关键环节和潜力所在，为进一步优化节能策略提供依据。

经济效益评估：通过计算节能措施投入与产出的经济效益，评估节能措施的盈利能力和可行性。这有助于企业制定合理的投资决策，推动节能措施的持续实施。

环境效益评估：通过分析节能措施对减少污染物排放、降低能源消耗等方面的环境效益，评估节能措施对环境保护的贡献。这有助于提升企业的社会责任感和形象。

（四）总结与展望

化工生产过程中的能源消耗与节能措施是一个长期而复杂的过程。通过优化生产流程、提高设备效率、回收利用余热余压、加强能源管理以及推广新能源技术等措施，可以有效降低化工生产过程中的能源消耗，提高企业的经济效益和环境效益。

展望未来，随着科技的不断进步和环保要求的提高，化工生产过程中的节能措施将更加注重技术创新和绿色发展。企业需要加强研发投入，积极推广先进的节能技术和设备，不断提高能源利用效率，为实现可持续发展和环境保护作出贡献。同时，政府和社会各界也应加强合作与支持，共同推动化工行业的绿色发展和节能减排工作取得更大的成果。

四、化工生产过程中的噪声、振动与辐射控制

化工生产过程中，除能源消耗问题外，噪声、振动和辐射也是影响生产环境、工人健康和生产效率的重要因素。这些因素如果不得到妥善控制，不仅会对工人的身心健康产生负面影响，还可能影响设备的正常运行和产品的质量。因此，采取有效的措施来控制化工生产过程中的噪声、振动和辐射至关重要。

（一）化工生产过程中的噪声控制

噪声是化工生产过程中常见的环境问题，主要来源于机械设备、流体流动、化学反应等。长期暴露在高噪声环境下，工人可能会出现听力损伤、心理压力增大等问题。因此，控制噪声是保护工人健康和提高生产环境质量的必要措施。

噪声源识别：首先需要对生产过程中的噪声源进行识别，确定主要的噪声产生设备和区域。

噪声隔离：通过安装隔声罩、隔音墙等设施，将噪声源与工作环境隔离开来，减少噪声的传播。

设备优化：对产生噪声的设备进行优化，如采用低噪声设计的泵、压缩机等设备，降低噪声的产生。

个人防护：为工人提供耳塞、耳罩等个人防护用品，减少噪声对工人听力的影响。

（二）化工生产过程中的振动控制

振动是化工生产过程中另一个常见的问题，主要来源于机械设备的运转、化学反应过程中的放热等。长期暴露在振动环境下，工人可能会出现身体不适、工作效率下降等问题。因此，控制振动也是保护工人健康和提高生产效率的重要措施。

减振设计：在设备设计阶段考虑减振措施，如采用减振支撑、减振器等，减少振动的产生和传播。

振动隔离：通过安装隔振器等设施，将振动源与工作环境隔离开来，减少振动的传播。

设备维护：定期对设备进行维护和保养，确保设备运转平稳，减少振动的产生。

工人培训：对工人进行振动危害的培训，增强工人的防护意识，减少振动对工人健康的影响。

（三）化工生产过程中的辐射控制

辐射是化工生产过程中一个较为特殊的问题，主要来源于放射性物质的使用和一些特定设备的运行。辐射对人体健康的影响较大，因此需要采取严格的控制措施。

辐射源管理：对使用放射性物质的环节进行严格管理，确保放射性物质的安全使用和处置。

辐射屏蔽：通过安装辐射屏蔽设施，如铅板、混凝土墙等，减少辐射的泄漏和传播。

设备选型：选用低辐射的设备和技术，降低辐射的产生。

辐射监测：定期对工作环境进行辐射监测，确保辐射水平在安全范围内。

（四）综合控制措施

除针对噪声、振动和辐射分别采取措施外，还可以采取一些综合控制措施来提高整体效果。

优化生产流程：通过优化生产流程，减少噪声、振动和辐射的产生和传播。

加强设备维护：定期对设备进行维护和保养，确保设备运转平稳、安全可靠。

改善工作环境：通过改善工作环境，如增加通风、照明等设施，提高工人的舒适度和工作效率。

建立安全管理制度：建立完善的安全管理制度，明确各项控制措施的责任人和执行标准，确保控制措施的有效实施。

（五）总结与展望

化工生产过程中的噪声、振动和辐射控制是保障工人健康和提高生产效率的重要措施。通过采取有效的控制措施和管理制度，可以显著降低这些因素对工人健康和生产环境的影响。未来，随着科技的进步和环保要求的提高，化工生产企业需要进一步加强噪声、振动和辐射控制技术的研发和应用，推动化工行业的绿色发展和可持续发展。同时，政府和社会各界也应加强合作与支持，共同推动化工生产过程中的环境保护和安全生产工作取得更大的成果。

第三节　化工生产安全的创新与改进

一、化工生产过程中的职业健康与安全

化工生产是一个涉及多种危险因素的行业，如有毒物质、高温高压、机械伤害等。这些因素对工人的职业健康和安全构成严重威胁。因此，确保化工生产过程中的职业健康与安全至关重要。下文将详细探讨化工生产过程中的职业健康与安全问题，并提出相应的控制措施。

（一）化工生产过程中的职业健康风险

化工生产过程中，工人可能面临多种职业健康风险，包括：

有害物质暴露：化工生产过程中使用的许多化学物质对人体有害，如有毒气体、粉尘、液体等。长期暴露于这些有害物质中，工人可能患职业病，如化学性肺炎等。

高温高压环境：化工生产常需在高温高压的环境中进行，这样的环境可能导致工人中暑、烫伤、压力损伤等。

噪声和振动：化工生产中的机械设备常产生高噪声和振动，长期暴露可能导致听力损伤等。

生物危害：部分化工生产涉及生物物质，如微生物、病毒等，可能引发感染等健康问题。

（二）化工生产过程中的安全风险

除职业健康风险外，化工生产过程中还存在多种安全风险，包括：

火灾和爆炸：化工生产过程中使用的许多物质易燃易爆，一旦发生火灾或爆炸，后果严重。

机械伤害：化工生产中的机械设备可能导致切割、挤压、撞击等伤害。

电气安全：化工生产中的电气设备可能引发触电、电弧闪光等安全事故。

高处坠落和物体打击：部分化工生产设施位于高处，存在坠落风险；同时，生产过程中的物料搬运可能导致物体打击伤害。

（三）职业健康与安全控制措施

为确保化工生产过程中的职业健康与安全，应采取以下控制措施：

职业健康防护措施：

1. 提供合适的个人防护装备，如防护服、手套、呼吸器、耳塞等，以减少有害物质暴露、噪声和振动对工人的影响。

2. 定期对工人进行健康检查，及时发现和处理职业病早期症状。

3. 对工作场所进行定期检测，确保空气中的有害物质浓度符合标准。

安全管理措施：

1. 建立完善的安全管理制度，明确各级人员的安全职责和操作规范。

2. 定期对员工进行安全培训，增强员工的安全意识和应急处理能力。

3. 实施安全风险评估和隐患排查，及时发现和整改安全隐患。

防火防爆措施：

1. 对易燃易爆物质进行分类管理，确保储存和使用安全。

2. 定期检查和维护消防设施和防爆设备，确保其完好有效。

3. 制订火灾和爆炸应急预案，定期组织演练，提高员工应对突发事件的能力。

机械安全措施：

1. 对机械设备进行定期检查和维护，确保其运转正常、安全可靠。

2. 在机械设备周围设置安全警示标志和防护栏，防止工人误操作或接近危险区域。

电气安全措施：

1. 对电气设备进行定期检查和维护，确保其绝缘良好、接地可靠。

2. 严格执行电气安全操作规程，禁止私拉乱接电线和违规使用电气设备。

高处坠落和物体打击防护措施：

1. 为高处作业人员提供合适的防坠落设备和安全带。

2. 在生产区域设置安全通道和堆放区域，避免物料乱放和阻碍通行。

（四）总结与展望

化工生产过程中的职业健康与安全是企业持续发展的基础。通过采取有效的控制措施和管理制度，可以显著降低职业健康和安全风险。然而，随着化工行业的不断发展和技术进步，新的职业健康和安全挑战不断涌现。因此，企业需要不断加强技术研发和创新，提高生产过程的自动化和智能化水平，降低人为操作失误和事故发生的概率。同时，政府和社会各界也应加强合作与支持，共同推动化工行业的职业健康与安全管理工作取得更大的进步和发展。

总之，化工生产过程中的职业健康与安全是企业和社会共同关注的重要问题。只有通过持续改进和创新，才能确保化工生产的安全性和可持续性。

二、化工生产工艺的安全审计与持续改进

随着化工行业的快速发展，生产工艺的复杂性和多样性日益增加，对生产工艺的安全管理提出了更高要求。为了保障化工生产的安全稳定，必须加强对生产工艺的安全审计，并持续改进生产工艺，确保生产过程符合安全标准。

（一）化工生产工艺的安全审计重要性

化工生产工艺安全审计是对生产过程中各环节的安全管理、操作规程、设备设施等进行全面检查和评估的过程。其目的是发现潜在的安全隐患，提出改进措施，降低事故发生的概率。安全审计的重要性主要体现在以下几个方面：

预防事故发生：通过安全审计，可以及时发现并纠正生产过程中的不安全行为和因素，防止事故的发生。

提高生产效率：安全审计可以发现生产过程中的瓶颈和问题，提出优化建议，提高生产效率。

保障员工安全：安全审计关注员工的安全和健康，通过改善工作环境和条件，保障员工的生命财产安全。

（二）化工生产工艺的安全审计主要内容

化工生产工艺安全审计的内容涵盖了生产过程的各个方面，主要包括以下几个方面：

生产工艺流程的安全性：审查工艺流程是否合理、是否存在安全风险，以及工艺流程是否得到了有效执行。

设备设施的安全性：检查设备设施是否符合安全标准，是否存在缺陷和隐患，以及设备的维护和保养情况。

操作规程的合规性：评估操作规程是否完善、是否得到了有效执行，以及员工是否熟悉并遵守操作规程。

安全管理体系的完善性：审查安全管理体系是否健全、是否得到了有效实施，以及安全培训和教育是否到位。

（三）化工生产工艺的安全审计方法与步骤

为了确保安全审计的有效性和针对性，需要采取科学的方法和步骤进行审计。一

般来说，化工生产工艺安全审计可以按照以下步骤进行：

准备阶段：明确审计目的、范围和要求，制订审计计划，成立审计小组，收集相关资料。

实施阶段：按照审计计划，对生产工艺进行逐项审查，记录审计发现的问题和隐患，并与相关部门和人员沟通确认。

报告阶段：整理审计结果，形成审计报告，明确问题和隐患的性质、影响范围和整改建议。

整改阶段：根据审计报告，制定整改措施和时间表，明确责任人，确保整改措施得到有效实施。

跟踪阶段：对整改措施的实施情况进行跟踪和验证，确保问题得到彻底解决，防止类似问题再次发生。

（四）化工生产工艺的持续改进

安全审计不仅是一次性的检查活动，更是持续改进的过程。在审计过程中发现的问题和隐患，需要制定相应的改进措施，并持续跟踪和验证改进效果。同时，还需要从以下几个方面加强生产工艺的持续改进：

引入先进技术和管理经验：积极引进国内外先进的化工生产技术和管理经验，提高生产工艺的安全性和效率。

加强员工培训和教育：定期开展安全培训和教育活动，增强员工的安全意识和操作技能，增强员工对安全生产的责任感和使命感。

建立激励机制：建立安全生产激励机制，对在安全生产工作中表现突出的个人和团队给予表彰和奖励，激发员工参与安全生产的积极性和创造性。

加强与监管机构的沟通与合作：与监管部门保持密切联系，及时了解最新的政策法规和安全标准，确保生产工艺符合相关要求。

（五）总结与展望

化工生产工艺的安全审计与持续改进是保障化工生产安全稳定的重要手段。通过加强安全审计和持续改进工作，可以及时发现和消除安全隐患，提高生产效率，保障员工安全。未来，随着化工行业的不断发展和技术进步，安全审计与持续改进工作将面临新的挑战和机遇。因此，需要不断探索和创新安全审计方法和手段，加强与国际先进水平的交流与合作，推动化工生产工艺的安全审计与持续改进工作不断取得新的成果和发展。

三、化工生产工艺的安全文化建设

化工生产工艺的安全文化建设是化工行业安全管理的重要组成部分，旨在通过培养员工的安全意识、安全行为习惯和安全价值观，从而确保生产过程的安全稳定。一个积极的安全文化能够显著提升员工的安全责任感，减少安全事故的发生，并为企业创造持久的安全生产环境。

(一) 化工生产工艺安全文化建设的意义

化工生产工艺的安全文化建设对于企业的安全生产具有深远的意义。首先，安全文化建设能够增强员工的安全意识，使员工从内心深处认识到安全的重要性，从而在生产过程中自觉遵守安全规章制度，减少安全事故的发生。其次，安全文化建设可以提高员工的安全素质，使员工掌握更多的安全知识和技能，提升员工应对突发情况的能力。最后，安全文化建设还能够增强企业的凝聚力和竞争力，为企业树立良好的社会形象。

(二) 化工生产工艺安全文化建设的核心要素

化工生产工艺的安全文化建设包括以下几个核心要素：

安全理念：树立"安全第一，预防为主"的安全理念，强调安全在企业生产中的首要地位，引导员工形成正确的安全价值观。

安全规章制度：建立完善的安全规章制度，明确各级人员的安全职责和操作规范，确保员工在生产过程中有章可循、有法可依。

安全培训与教育：定期开展安全培训和教育活动，增强员工的安全意识和操作技能，使员工具备应对突发情况的能力。

安全氛围：营造浓厚的安全氛围，通过悬挂安全标语、设置安全警示标志等方式，提醒员工时刻保持警惕，关注安全生产。

安全监督与考核：建立有效的安全监督与考核机制，对生产过程进行定期检查和评估，确保安全规章制度得到有效执行。

(三) 化工生产工艺安全文化建设的实施策略

为了有效推进化工生产工艺的安全文化建设，可以采取以下实施策略：

领导层重视与支持：企业领导层要高度重视安全文化建设工作，制定明确的安全文化建设目标和计划，并在资源、政策等方面给予大力支持。

全员参与推动：鼓励全体员工积极参与安全文化建设活动，通过员工建议、安全小组活动等方式，激发员工的创造力和积极性。

宣传教育与培训：通过多种形式的宣传教育和培训活动，提高员工对安全文化的认识和重视程度，培养员工的安全意识和行为习惯。

激励与约束机制：建立安全文化建设的激励与约束机制，对在安全文化建设中表现突出的个人和团队给予表彰和奖励，对违反安全规章制度的行为进行严肃处理。

持续改进与评估：定期对安全文化建设工作进行评估和总结，及时发现问题和不足，制定改进措施，推动安全文化建设工作持续改进和发展。

（四）化工生产工艺安全文化建设的挑战与对策

在化工生产工艺的安全文化建设过程中，可能会面临一些挑战，如员工安全意识薄弱、安全规章制度执行不力等。针对这些挑战，可以采取以下对策：

加强宣传教育：通过更加生动、有趣的宣传方式，提高员工对安全文化的认识和重视程度，增强员工的安全意识。

严格执行安全规章制度：建立健全的安全规章制度执行机制，确保规章制度得到有效执行，对违反规章制度的行为进行严肃处理。

建立安全文化评估体系：定期对安全文化建设工作进行评估和总结，及时发现问题和不足，制定改进措施，推动安全文化建设工作持续改进和发展。

加强领导层对安全文化建设的重视和支持：领导层要高度重视安全文化建设工作，为安全文化建设提供足够的资源和政策支持。

（五）总结与展望

化工生产工艺的安全文化建设是确保企业安全生产的重要手段和途径。通过树立正确的安全理念、建立完善的安全规章制度、加强安全培训与教育、营造浓厚的安全氛围以及建立有效的安全监督与考核机制等措施的实施，可以推动企业安全文化的形成和发展。然而，安全文化建设是一项长期而艰巨的任务，需要企业领导层的重视和支持以及全体员工的积极参与和推动。未来，随着化工行业的不断发展和技术进步，化工生产工艺的安全文化建设将面临新的挑战和机遇。因此，企业需要不断创新和完善安全文化建设的方法和手段，以适应不断变化的安全生产需求和环境。同时，政府和社会各界也应加强对化工生产工艺安全文化建设的关注和支持，共同推动化工行业安全文化的健康发展。

四、化工生产工艺的安全管理创新与实践

随着科技的不断进步和化工行业的快速发展，传统的化工生产工艺安全管理方法已经难以满足现代化工企业的需求。为了应对这一挑战，化工企业必须进行安全管理创新，探索更加高效、智能和可持续的安全管理模式。本部分将探讨化工生产工艺安全管理创新的重要性、创新方向以及具体实践案例，以期为化工企业的安全管理提供有益的参考和启示。

（一）化工生产工艺安全管理创新的重要性

化工生产工艺具有高温、高压、易燃易爆等特点，一旦发生安全事故，后果往往十分严重。因此，加强化工生产工艺的安全管理至关重要。然而，传统的安全管理方法往往侧重于事后处理，忽视了事前的预防和事中的控制，导致安全管理效果不佳。在这种情况下，进行安全管理创新显得尤为重要。

安全管理创新能够提升企业的安全管理水平，有效预防和减少安全事故的发生。通过引入先进的安全管理理念和技术手段，可以及时发现和消除安全隐患，提高生产过程的安全性和稳定性。同时，安全管理创新还能够降低企业的安全风险和经济损失，保障员工的生命财产安全，维护企业的声誉和形象。

（二）化工生产工艺安全管理创新的方向

智能化安全管理：借助物联网、大数据、人工智能等先进技术，实现生产过程的安全监控、预警和智能化管理。通过实时采集和分析生产数据，及时发现潜在的安全风险，并采取相应措施进行干预和纠正。

预防性安全管理：强调事前的预防和风险评估，通过定期的安全检查、隐患排查和风险评估，及时发现和消除安全隐患，防止事故的发生。

全员参与安全管理：鼓励全员参与安全管理活动，建立安全文化，增强员工的安全意识和技能水平。通过员工的安全建议和反馈，不断完善安全管理制度和措施。

持续改进安全管理：对安全管理工作进行定期评估和总结，及时发现问题和不足，制定改进措施，推动安全管理工作的持续改进和发展。

（三）化工生产工艺安全管理创新的具体实践案例

智能化安全监控系统的应用：某化工企业引入了智能化安全监控系统，通过在生产现场安装传感器和监控设备，实时采集和分析生产数据。一旦发现异常情况或潜在的安全风险，系统会立即发出预警，并自动采取相应的控制措施，如关闭阀门、启动紧急停车等。这一系统的应用大大提高了生产过程的安全性和稳定性，有效预防和减少了安全事故的发生。

风险评估和隐患排查制度的建立：另一家化工企业建立了风险评估和隐患排查制度，定期对生产过程进行风险评估和隐患排查。通过专业人员的现场检查和数据分析，及时发现潜在的安全隐患和风险点，并制定相应的整改措施和时间表。同时，企业还建立了隐患治理跟踪机制，确保整改措施得到有效执行。这一制度的实施显著降低了企业的安全风险和经济损失。

全员参与安全文化建设的实践：某化工企业注重全员参与安全文化建设，通过开展安全培训、安全知识竞赛、安全建议征集等活动，增强员工的安全意识和技能水平。同时，企业还建立了安全奖励机制，对在安全工作中表现突出的个人和团队给予表彰和奖励。这一实践营造了浓厚的安全氛围，使员工从内心深处认识到安全的重要性，从而自觉遵守安全规章制度，积极参与安全管理活动。

（四）总结与展望

化工生产工艺的安全管理创新是提升企业安全管理水平、预防和减少安全事故的关键。通过智能化安全管理、预防性安全管理、全员参与安全管理和持续改进安全管理等创新方向的实践和探索，可以有效提升化工企业的安全管理能力和水平。然而，安全管理创新是一个持续不断的过程，需要企业不断探索和完善。未来，随着科技的不断进步和化工行业的不断发展，化工生产工艺的安全管理创新将面临新的挑战和机遇。因此，企业需要保持敏锐的洞察力和创新精神，不断引入先进的安全管理理念和技术手段，推动安全管理工作的持续创新和发展。同时，政府和社会各界也应加强对化工生产工艺安全管理创新的关注和支持，共同推动化工行业安全管理的进步和发展。

第三章 化学品安全与危险品管理

第一节 化学品的危险性概述

一、化学品的危险性与分类

化学品在现代社会中的应用极为广泛，从工业制造到日常生活，无处不在。然而，这些化学品往往伴随着一定的危险性，如果处理不当，可能会对人类健康和环境造成严重的危害。因此，了解化学品的危险性和正确分类至关重要。

（一）化学品的危险性

化学品的危险性主要来源于其物理性质、化学性质以及潜在的生物效应。常见的化学品危险性包括以下几个方面：

物理危险性：指化学品在物理状态下可能对人类和环境造成的危害。例如，某些化学品具有易燃、易爆、易挥发等特性，一旦遇到合适的条件，就可能引发火灾或爆炸。

化学危险性：指化学品在化学反应过程中可能产生的危害。例如，某些化学品在特定的条件下会发生氧化、还原、水解等反应，产生有毒、有害的物质。这些物质可能造成人体急性或慢性中毒，甚至引发癌症等严重疾病。

生物危险性：指化学品对生物体可能产生的危害。某些化学品具有生物活性，可能干扰生物体的正常生理功能，对生物体造成损害。例如，农药、杀虫剂等化学品就可能对人体和环境中的生物产生负面影响。

（二）化学品的分类

为了更好地管理和控制化学品的危险性，人们通常根据化学品的危险性、用途和化学元素组成等因素对其进行分类。常见的化学品分类方法包括以下几种：

按危险性分类：根据化学品的物理危险性、化学危险性和生物危险性等因素，将化学品分为易燃、易爆、有毒、有害、腐蚀、放射等不同类别。这种分类方法有助于人们快速识别化学品的危险性，并采取相应的防护措施。

按用途分类：分为农药、医药、染料、涂料、助剂等不同类别。这种分类方法有助于人们了解化学品的应用领域和使用方式，从而更好地管理和控制其危险性。

按化学元素组成分类：如有机物、无机物等。这种分类方法有助于人们了解化学品的内在特性，预测其可能产生的化学反应和危险性。

（三）各类化学品的危险性与防护措施

易燃、易爆化学品：这类化学品具有高度的物理危险性，一旦发生火灾或爆炸，可能造成严重的人员伤亡和财产损失。因此，在使用这类化学品时，应严格遵守安全操作规程，确保远离火源和热源，避免产生静电火花等易引发火灾的因素。同时，应定期检查储存设施的安全性，确保设施完好无损，防止泄漏和爆炸事故的发生。

有毒、有害化学品：这类化学品可能造成人体急性或慢性中毒，甚至引发癌症等严重疾病。因此，在使用这类化学品时，应佩戴合适的防护用品，如防护眼镜、手套、口罩等，避免直接接触化学品。同时，应确保工作环境通风良好，减少有害物质的吸入和积累。对于废弃物和废水等处理，应采取专业的处理方法，避免对环境造成污染。

腐蚀、放射性化学品：这类化学品具有特殊的危险性，可能对人体和环境造成长期的影响。因此，在使用这类化学品时，应特别注意安全防范措施。对于腐蚀性化学品，应避免与皮肤、眼睛等直接接触，防止造成化学灼伤。对于放射性化学品，应严格按照辐射防护要求进行操作，确保人员和环境的安全。

（四）总结与展望

化学品的危险性和分类是化学安全管理的基础。了解化学品的危险性和正确分类有助于人们更好地管理和控制化学品的危险性，保障人类健康和环境安全。然而，随着化学工业的快速发展和新化学品的不断涌现，化学品的危险性和分类也面临着新的挑战和机遇。

未来，我们应加强化学品危险性评估和分类技术的研究和应用，不断完善化学品管理制度和标准。同时，还应加强化学品安全教育和培训，提高公众对化学品危险性的认识和防范意识。只有这样，我们才能更好地应对化学品的危险性挑战，保障人类和环境的安全可持续发展。

二、化学品的储存与运输安全

化学品的储存与运输安全是确保化学品在生产、使用和处置过程中不发生事故、保障人员和环境安全的关键环节。不正确的储存和运输方式可能导致化学品泄漏、火灾、爆炸等严重事故，对人民生命财产安全和社会稳定造成威胁。因此，本节将详细探讨化学品的储存安全与运输安全要求、常见风险及应对措施，以期提高化学品安全管理水平。

（一）化学品储存安全

1. 储存设施要求

储存化学品的设施必须符合相关标准和规定，确保结构坚固、防火防爆、通风良好。对于易燃、易爆、有毒有害化学品，应设置专用仓库，并与其他建筑保持一定的安全距离。仓库内部应配置适当的消防设施、防爆设备和应急照明，确保在紧急情况下能够及时应对。

2. 分类储存

化学品应按照其性质、用途和危险性进行分类储存，防止不同性质的化学品相互反应或产生危险。易燃、易爆化学品应远离火源和热源，有毒有害化学品应设置独立的储存区域，并采取密封措施防止泄漏。

3. 标识与记录

储存化学品的容器和包装上应清晰标明化学品的名称、性质、危险性等信息，以便管理人员和应急人员快速识别。同时，应建立完善的化学品储存记录制度，包括储存时间、数量、温度、湿度等信息，确保化学品的储存过程可追溯。

4. 定期检查与维护

储存设施应定期进行检查和维护，确保其完好有效。对于发现的问题和隐患，应及时采取措施进行整改，防止事故发生。

（二）化学品运输安全

1. 运输工具选择

化学品的运输工具应根据化学品的性质、数量和运输距离进行选择。对于易燃、易爆、有毒有害化学品，应选择专用的危险品运输车辆或船只，并确保其符合相关标准和规定。

2. 包装与标识

化学品的包装应符合相关标准和规定，确保化学品在运输过程中不会泄漏或产生危险。包装上应清晰标明化学品的名称、性质、危险性等信息，以便运输人员和应急人员快速识别。

3. 路线规划与交通管理

化学品的运输路线应提前进行规划和评估，避开人口密集区域和敏感环境。在运输过程中，应加强交通管理，确保运输车辆或船只的行驶速度和路线符合规定，防止交通事故的发生。

4. 应急准备与处置

在化学品运输过程中，应制订完善的应急预案和处置措施，确保在发生事故时能够及时应对。同时，应配备专业的应急人员和救援设备，提高事故处置的效率和效果。

（三）常见风险及应对措施

1. 泄漏风险

化学品在储存和运输过程中可能发生泄漏事故，对环境和人员造成危害。为应对泄漏风险，应建立健全的泄漏应急预案和处置措施，配备专业的泄漏应急设备和人员。同时，应定期检查和维护储存设施和运输工具，确保其密封性和完好性。

2. 火灾和爆炸风险

易燃、易爆化学品在储存和运输过程中存在火灾和爆炸风险。为降低这些风险，应严格控制储存和运输环境的温度、湿度等条件，防止产生静电火花等引发火灾的因素。同时，应配备完善的消防设施和防爆设备，确保在发生火灾或爆炸时能够及时扑灭和控制。

3. 中毒和环境污染风险

有毒有害化学品在储存和运输过程中可能引发中毒和环境污染事故。为应对这些风险，应加强化学品的分类储存和运输，避免不同性质的化学品相互反应或产生危险。同时，应建立完善的应急预案和处置措施，确保在发生事故时能够及时应对，减少中毒和环境污染的危害。

（四）总结与展望

化学品的储存与运输安全是确保化学品在生产、使用和处置过程中不发生事故、保障人员和环境安全的重要环节。通过加强储存设施建设和维护、完善运输管理和应急准备与处置等措施，可以有效降低化学品储存与运输过程中的风险。然而，随着化学工业的快速发展和新化学品的不断涌现，化学品储存与运输安全仍面临新的挑战和机遇。

未来，我们应继续加强化学品储存与运输安全技术的研究和应用，提高储存和运输过程的自动化、智能化水平。同时，还应加强相关法律法规和标准的制定和执行力度，推动化学品储存与运输安全管理的规范化、标准化。只有这样，我们才能更好地保障化学品储存与运输过程的安全稳定，为化学工业的可持续发展提供有力支撑。

三、化学品事故的应急处理与救援

化学品事故是指由于化学品的泄漏、火灾、爆炸等原因导致的人员伤亡、财产损失和环境破坏等严重后果的事件。在化学品事故发生时，及时、科学、有效的应急处理和救援工作至关重要，可以最大限度地减少事故造成的损失和影响。因此，本节将详细探讨化学品事故的应急处理与救援原则、程序和方法，以期提高应对化学品事故的能力。

（一）应急处理与救援原则

化学品事故的应急处理与救援应遵循"以人为本、安全第一，预防为主、科学施救"的原则。在应急处理与救援过程中，应优先保护人民生命财产安全和环境安全，最大程度地减少事故造成的损失和影响。同时，应坚持预防为主，加强化学品事故的风险评估和预防措施，降低事故发生的概率。在事故发生时，应科学施救，根据事故现场的具体情况，采取合适的应急处理措施和救援方法，确保救援工作的有效性和安全性。

（二）应急处理与救援程序

化学品事故的应急处理与救援程序包括应急响应、现场处置、救援支援和总结评估等阶段。

1. 应急响应

在化学品事故发生时，应立即启动应急响应程序，组织应急处理与救援工作。应急响应程序应包括报警、通知、评估、决策等环节。报警应及时准确，通知应迅速传达，评估应全面客观，决策应科学果断。同时，应建立健全应急通信系统，确保应急处理与救援过程中的信息传递畅通无阻。

2. 现场处置

现场处置是化学品事故应急处理与救援的核心环节。在现场处置过程中，应根据事故现场的具体情况，采取合适的应急处理措施和救援方法。对于泄漏事故，应迅速控制泄漏源，防止泄漏扩散；对于火灾和爆炸事故，应迅速扑灭火源，控制爆炸范围；对于中毒和环境污染事故，应迅速采取措施减少危害和污染。同时，应加强现场安全管理和人员保护，确保救援工作的安全进行。

3. 救援支援

在化学品事故应急处理与救援过程中，可能需要调动大量的救援力量和资源。因此，应建立健全救援支援体系，确保救援力量和资源能够及时到达现场，为应急处理与救援工作提供有力支持。救援支援包括人员支援、物资支援、技术支援等方面，应根据事故现场的具体需求进行调配和安排。

4. 总结评估

化学品事故应急处理与救援工作结束后，应进行总结评估，分析事故原因，总结应急处理与救援过程中的经验和教训，提出改进措施和建议。总结评估有助于发现应急处理与救援工作中的不足和问题，提高应对化学品事故的能力和水平。

（三）应急处理与救援方法

化学品事故的应急处理与救援方法应根据事故现场的具体情况进行选择和应用。以下是一些常用的应急处理与救援方法：

1. 泄漏控制

对于泄漏事故，应采取合适的泄漏控制措施，如关闭阀门、堵塞泄漏源、使用吸附剂等，防止泄漏扩散和危害扩大。同时，应注意防止泄漏物质与火源、热源等接触引发火灾或爆炸。

2. 火灾扑救

对于火灾事故，应根据火源的性质和火势的大小选择合适的灭火方法和灭火剂。对于易燃、易爆化学品火灾，应使用干粉灭火器、二氧化碳灭火器等非水基型灭火器；对于液体化学品火灾，应使用泡沫灭火器等水基型灭火器。在灭火过程中，应注意防止火势扩大和引发爆炸。

3. 中毒救治

对于中毒事故，应立即将中毒人员转移到安全区域，并采取合适的救治措施。救治措施包括清洗皮肤、眼睛等接触部位、给予解毒药物、进行人工呼吸等。同时，应及时联系专业医疗机构进行进一步救治。

4. 环境污染处置

对于环境污染事故，应采取合适的处置措施，如清理泄漏物质、处理废水废气等，防止污染扩散和危害扩大。同时，应加强环境监测和评估，确保环境污染得到有效控制。

（四）总结与展望

化学品事故的应急处理与救援是保障人民生命财产安全和环境安全的重要措施。通过加强应急处理与救援原则、程序和方法的研究和应用，可以提高应对化学品事故的能力和水平。然而，随着化学工业的快速发展和新化学品的不断涌现，化学品事故的应急处理与救援仍面临新的挑战和机遇。

未来，我们应继续加强化学品事故应急处理与救援技术的研究和应用，提高应急处理与救援的自动化、智能化水平。同时，还应加强相关法律法规和标准的制定和执行力度，推动化学品事故应急处理与救援工作的规范化、标准化。此外，还应加强国际合作与交流，共同应对全球范围内的化学品事故风险。只有这样，我们才能更好地保障人民生命财产安全和环境安全，为化学工业的可持续发展提供有力支撑。

四、化学品安全标识与信息管理

化学品安全标识与信息管理是确保化学品在生产、储存、运输和使用过程中安全可控的关键环节。清晰、准确的安全标识和高效的信息管理能够帮助人们快速识别化学品的危险性，采取必要的安全措施，从而防止事故的发生。本节将详细探讨化学品安全标识的设计原则与制作要求及化学品信息管理系统的构建与应用，以期提高化学品安全管理水平。

（一）化学品安全标识的设计原则与制作要求

1. 设计原则

化学品安全标识的设计应遵循以下原则：

清晰易懂：标识应使用简单易懂的语言和图形，确保人们能够快速准确地理解化学品的危险性。

准确无误：标识上的信息应准确无误，与实际化学品的性质相符，避免误导用户。

醒目突出：标识应采用醒目的颜色和字体，以吸引人们的注意，确保在紧急情况下能够迅速识别。

标准化：标识的设计应符合国家和国际相关标准，确保与国际接轨。

2. 制作要求

化学品安全标识的制作应符合以下要求：

材料选择：标识应采用耐久、不易脱落的材料制作，确保标识在恶劣环境下仍能清晰可见。

尺寸与位置：标识的尺寸应适当，确保在不同距离下都能清晰辨认。标识应放置在化学品容器或包装的显眼位置，方便人们查看。

颜色与图形：标识的颜色和图形应符合国家和国际相关标准，确保信息的准确传达。

更新与维护：标识应定期检查和更新，确保信息的准确性和有效性。对于损坏或模糊的标识，应及时更换。

（二）化学品信息管理系统的构建与应用

1. 构建原则

化学品信息管理系统的构建应遵循以下原则：

全面性：系统应涵盖化学品的生产、储存、运输、使用等各个环节的信息，确保信息的完整性。

准确性：系统应确保信息的准确性，避免误导决策和行动。

及时性：系统应实时更新信息，确保用户能够获取到最新的化学品信息。

安全性：系统应采取必要的安全措施，保护信息的安全性和机密性。

2. 系统构建与应用

化学品信息管理系统的构建与应用包括以下几个方面：

数据库设计：系统应建立完善的数据库，包括化学品的基本信息、危险性评估、安全标识等内容。数据库应具有良好的扩展性和可维护性，以适应不断更新的化学品信息。

信息录入与更新：系统应提供便捷的信息录入和更新功能，确保用户能够轻松地输入和修改化学品信息。同时，系统应设置相应的审核机制，确保信息的准确性和真实性。

查询与检索：系统应提供高效的查询和检索功能，方便用户快速找到所需的化学品信息。用户可以通过关键词、化学式、CAS 号等多种方式进行查询。

数据分析与报告：系统应具备强大的数据分析和报告功能，帮助用户深入了解化学品的性质、危险性等信息。通过数据分析，用户可以发现潜在的风险和问题，制定相应的应对措施。

用户管理与权限控制：系统应建立完善的用户管理和权限控制机制，确保只有授权的用户才能访问和操作系统。同时，系统应记录用户的操作日志，以便追踪和审计。

（三）安全标识与信息管理在化学品安全管理中的作用

安全标识与信息管理在化学品安全管理中发挥着重要作用：

增强安全意识：清晰、准确的安全标识能够提醒人们关注化学品的危险性，增强安全意识，从而避免事故的发生。

促进信息共享：化学品信息管理系统能够实现信息的快速传递和共享，确保相关人员能够及时获取到最新的化学品信息，为决策和行动提供有力支持。

提高管理效率：通过信息系统，企业可以实现对化学品的全生命周期管理，包括采购、储存、运输、使用等各个环节。这有助于降低管理成本，提高管理效率。

促进风险管理：通过数据分析和报告功能，企业可以及时发现潜在的风险和问题，制定相应的应对措施，降低事故发生的概率和影响。

（四）总结与展望

化学品安全标识与信息管理是确保化学品安全可控的关键环节。通过合理设计安全标识和构建高效的信息管理系统，可以提高人们对化学品危险性的认识，促进信息共享和管理效率的提升，从而有效降低化学品事故的风险。然而，随着化学工业的快速发展和新化学品的不断涌现，化学品安全标识与信息管理仍面临新的挑战和机遇。

未来，我们应继续加强化学品安全标识与信息管理技术的研究和应用，推动相关标准和法规的完善，提高化学品安全管理的科学化、规范化水平。同时，还应加强国际合作与交流，共同应对全球范围内的化学品安全风险。只有这样，我们才能更好地保障人民生命财产安全和环境安全，推动化学工业的可持续发展。

第二节　化学品安全管理与风险控制

一、化学品安全管理的国际合作与标准化

随着全球化的发展，化学品的安全管理已经不仅是一个国家的问题，而是需要全球共同合作和努力的议题。国际合作和标准化在化学品安全管理中扮演着至关重要的角色，它们有助于促进信息共享、提高安全标准、减少风险，并最终保护人类健康和环境安全。本节将详细探讨化学品安全管理的国际合作与标准化的重要性、化学品安全管理的国际合作现状、化学品安全管理的标准化现状及未来发展趋势与挑战。

（一）化学品安全管理的国际合作与标准化的重要性

1. 促进信息共享

国际合作能够促进各国之间在化学品安全管理方面的信息共享。通过交换经验、数据和最佳实践，各国可以更加全面地了解化学品的危险性、风险评估方法和应急处

理措施，从而提高安全管理水平。

2. 提高安全标准

国际合作有助于推动全球化学品安全标准的统一和提高。各国可以共同制定和完善国际化学品安全标准，减少因标准不统一而导致的安全风险。

3. 减少风险

通过国际合作，各国可以共同应对化学品安全管理中的风险和挑战。例如，共同应对跨国界的化学品泄漏事故、打击非法化学品贸易等，从而最大限度地减少风险，保护人类健康和环境安全。

（二）化学品安全管理的国际合作现状

1. 国际组织的作用

国际组织在化学品安全管理的国际合作中发挥着重要作用。例如，联合国环境规划署（UNEP）、世界卫生组织（WHO）等都在推动全球化学品安全管理的合作和标准化方面发挥着关键作用。

2. 国际合作项目

各国政府和非政府组织也在积极开展化学品安全管理的国际合作项目。这些项目旨在提高化学品安全管理的水平，促进信息共享和经验交流，加强跨国界的应急处理能力等。

3. 国际法规与协议

国际法规与协议是保障化学品安全管理国际合作的重要工具。例如，《鹿特丹公约》和《巴塞尔公约》等国际公约要求各国加强在化学品废物处理和跨界转移方面的合作，共同应对化学品安全管理的挑战。

（三）化学品安全管理的标准化现状

1. 国际标准化组织

国际标准化组织（ISO）等国际标准化机构在化学品安全管理方面制定了一系列国际标准。这些标准涵盖了化学品的生产、储存、运输、使用等各个环节的安全要求，为各国提供了明确的指导和参考。

2. 国家标准化进程

各国也在积极推进化学品安全管理的国家标准化进程。通过制定和实施国家标准，各国可以确保化学品的安全管理符合国际最佳实践，并推动国内产业的安全发展。

3. 标准的实施与监督

为确保标准的有效实施和监督，各国需要加强标准的宣传、培训和监督力度。同时，还需要建立完善的评估机制，对标准的实施效果进行定期评估和改进。

（四）未来发展趋势与挑战

1. 加强国际合作与协调

随着全球化学品贸易的不断发展，加强国际合作与协调将成为未来化学品安全管理的重要趋势。各国需要进一步加强信息共享、经验交流和应急处理能力等方面的合作，共同应对全球化学品安全管理的挑战。

2. 推进标准化进程

未来，化学品安全管理的标准化进程将继续加快。各国需要加强与国际标准化机构的合作，积极参与国际标准的制定和修订工作，推动国际标准的广泛应用和实施。

3. 应对新挑战与风险

随着科技的进步和新化学品的不断涌现，化学品安全管理将面临新的挑战和风险。各国需要加强对新化学品的安全性评估和风险管理，完善相关法规和标准，确保化学品的安全使用和发展。

（五）总结与展望

化学品安全管理的国际合作与标准化对于保障人类健康和环境安全具有重要意义。通过加强国际合作、推进标准化进程以及应对新挑战与风险，我们可以共同推动化学品安全管理的全球进步和发展。然而，实现这一目标需要各国政府、国际组织、产业界和社会各界的共同努力和持续投入。展望未来，我们期待更多的国际合作项目和标准化成果涌现，为化学品安全管理的全球治理贡献智慧和力量。

二、危险化学品的登记与监管制度

危险化学品由于其固有的易燃、易爆、有毒、有害等特性，在生产、储存、使用、运输和废弃等环节中，一旦发生事故，往往会对人民生命财产安全和生态环境造成严重损害。因此，建立并完善危险化学品的登记与监管制度，对于确保危险化学品的安全管理、预防和减少事故风险至关重要。本节将探讨危险化学品的登记与监管制度的必要性、主要内容、实施方式以及面临的挑战和改进措施。

（一）危险化学品登记与监管制度的必要性

1. 保障公共安全

危险化学品事故往往会造成人员伤亡、财产损失和环境污染等严重后果。建立完善的登记与监管制度，能够及时发现并控制潜在的安全隐患，减少事故发生的可能性，从而保障公众的生命财产安全。

2. 促进可持续发展

危险化学品的不当管理会对生态环境造成长期影响，甚至导致生态破坏。通过登记与监管制度，可以推动危险化学品的合理使用和废弃物的安全处理，促进经济与环境的协调发展。

3. 提高管理效率

登记与监管制度能够明确责任主体，规范管理流程，减少重复劳动和资源浪费，提高危险化学品管理的整体效率。

（二）危险化学品登记与监管制度的主要内容

1. 登记制度

登记范围：明确需要登记的危险化学品种类、数量、用途等信息。

登记程序：规定危险化学品生产、进口、使用等环节的登记流程和要求。

登记信息更新：要求相关单位定期更新危险化学品信息，确保数据的准确性和时效性。

2. 监管制度

监管主体：明确负责危险化学品监管的政府部门及其职责。

监管措施：制定监督检查、风险评估、事故应急等监管措施。

监管手段：运用信息化、大数据等现代科技手段，提高监管效能。

（三）危险化学品登记与监管制度的实施方式

1. 强化法律法规建设

制定和完善危险化学品登记与监管相关的法律法规，为制度的实施提供法律保障。

2. 明确责任主体

明确生产、储存、使用、运输和废弃等环节的责任主体，强化其安全管理责任。

3. 加强监督检查

定期开展监督检查，确保相关单位和个人遵守登记与监管制度，及时发现并纠正违规行为。

4. 推动信息化建设

利用现代信息技术手段，建立危险化学品登记与监管信息系统，实现信息共享和动态管理。

（四）危险化学品登记与监管制度面临的挑战与改进措施

1. 挑战

信息不对称：部分企业对危险化学品信息的申报和更新不及时、不准确，导致监管部门难以全面掌握实际情况。

监管能力不足：部分地区监管部门存在人员短缺、技术手段落后等问题，难以有效执行监管职责。

法律法规不完善：现有法律法规在某些方面存在空白或模糊地带，给监管工作带来一定难度。

2. 改进措施

加强宣传教育：提高企业和公众对危险化学品安全管理的认识，增强安全意识和责任感。

强化执法力度：加大对违规行为的查处力度，严厉打击违法违规行为。

完善法律法规：及时修订和完善相关法律法规，明确各方责任和义务，为监管工作提供更有力的法律支撑。

提升监管能力：加强监管队伍建设，提高监管人员的专业素质和执法水平；引入先进技术手段和设备，提升监管效能。

（五）总结与展望

危险化学品的登记与监管制度是保障公共安全、促进可持续发展和提高管理效率的重要手段。通过强化法律法规建设、明确责任主体、加强监督检查和推动信息化建设等措施，我们可以不断完善这一制度，为危险化学品的安全管理提供有力保障。然而，面对信息不对称、监管能力不足和法律法规不完善等挑战，我们仍需继续努力，不断改进和完善相关制度和措施。展望未来，我们期待通过持续的努力和创新，建立起更加高效、科学、合理的危险化学品登记与监管体系，为人民群众的生命财产安全和环境安全保驾护航。

三、危险化学品的风险评估与控制措施

危险化学品由于其潜在的危险性，对人类的生命、财产和生态环境构成了严重威胁。因此，对危险化学品进行风险评估并采取适当的控制措施至关重要。本节将详细探讨危险化学品风险评估的重要性、危险化学品风险评估方法、危险化学品风险控制措施、风险控制措施的选择与实施，以及风险控制措施在实际应用中的挑战和改进方向。

（一）危险化学品风险评估的重要性

风险评估是对危险化学品可能产生的危害进行定量或定性评估的过程。它有助于识别危险源、评估风险大小，并为制定风险控制措施提供科学依据。通过风险评估，可以预测并减少危险化学品在生产、储存、运输和使用过程中可能引发的安全事故和环境污染。

（二）危险化学品风险评估方法

1. 危险源识别

危险源识别是风险评估的第一步，包括识别危险化学品的物理、化学和生物特性，以及可能对人类和环境造成的危害。

2. 风险评估

风险评估是基于危险源识别结果，对危险化学品可能造成的危害进行定量或定性评估。常用的风险评估方法包括概率风险评估、后果分析和风险矩阵等。

3. 风险分级

根据风险评估结果，将危险化学品按照风险大小进行分级，有助于针对不同级别的风险采取相应的控制措施。

（三）危险化学品风险控制措施

1. 预防措施

预防措施旨在消除或减少危险化学品的风险源。例如，优化生产工艺、改善储存条件、加强运输安全等。

2. 减轻措施

减轻措施是在危险化学品事故发生后，采取措施减轻其对人类和环境的影响。例如，启动应急响应计划、组织救援行动、实施紧急疏散等。

3. 应急措施

应急措施是在危险化学品事故发生时，迅速、有效地应对事故，减少损失。包括建立应急预案、配备应急设备、组织应急演练等。

（四）风险控制措施的选择与实施

1. 根据风险评估结果选择合适的控制措施

针对不同级别的风险，选择相应的控制措施。对于高风险化学品，应优先考虑采取预防措施和减轻措施；对于低风险化学品，可适当采取应急措施。

2. 确保控制措施的有效性

实施控制措施时，应确保措施的有效性。例如，定期检查和维护设备设施、加强员工培训、增强安全意识等。

3. 持续改进和优化

根据风险控制措施的实施效果，不断改进和优化控制措施。通过总结经验教训、引入新技术和新方法，提高风险控制水平。

（五）风险控制措施在实际应用中的挑战与改进方向

1. 挑战

在实际应用中，风险控制措施可能面临诸多挑战，如人员安全意识不足、监管不到位、资金投入不足等。

2. 改进方向

为应对这些挑战，可从以下几个方面进行改进：
（1）加强宣传教育和培训，增强人员安全意识和风险意识。
（2）完善监管制度，强化监管力度，确保控制措施的有效实施。
（3）增加资金投入，引入先进技术和设备，提高风险控制能力。
（4）建立信息共享和协作机制，加强企业、政府和社会各界的沟通与合作。

（六）总结与展望

危险化学品的风险评估与控制措施对于保障人类生命财产安全和环境安全具有重要意义。通过科学的风险评估方法和有效的控制措施选择与实施，可以降低危险化学品的风险水平。然而，在实际应用中仍需关注面临的挑战并不断改进和优化风险控制措施。展望未来，我们期待通过技术创新、制度完善和社会各方的共同努力，进一步提高危险化学品的风险管理水平，为社会的可持续发展提供有力保障。

四、危险化学品的废弃处置与资源化利用

随着化学工业的快速发展，危险化学品的产生量日益增加，其废弃处置和资源化利用问题已成为环境保护和资源可持续利用的重要议题。危险化学品的废弃处置不当可能导致环境污染、资源浪费和安全隐患，因此，采取有效的废弃处置和资源化利用措施，对于保护生态环境、促进资源循环利用和保障人类健康具有重要意义。本节将探讨危险化学品的废弃处置原则、方法以及资源化利用途径，并分析当前面临的挑战和未来的发展趋势。

（一）危险化学品的废弃处置原则

1. 安全第一

废弃处置危险化学品时，首要考虑的是安全因素。必须确保处置过程中不会对人员、环境和公共安全造成危害。

2. 环境保护

废物处置过程中要尽可能减少对环境的污染，采取适当的措施，如对废水、废气、废渣的处理，以防止有害物质释放到环境中。

3. 合规合法

废弃处置活动必须遵守相关法律法规和标准，确保合规合法，防止非法倾倒和处置。

（二）危险化学品的废弃处置方法

1. 物理处置

物理处置主要包括填埋、焚烧和固化等方法。填埋适用于一些不易降解的危险化学品；焚烧可以将有害物质转化为无害物质，但需注意燃烧过程中可能产生的二次污染；固化是将危险废物与固化剂混合，形成稳定的固体物质，便于储存和运输。

2. 化学处置

化学处置主要包括中和、氧化还原等方法。这些方法可以改变危险化学品的化学性质，使其转化为低毒或无毒物质。

3. 生物处置

生物处置利用微生物的代谢作用，将危险化学品分解为无害或低毒物质。生物处置具有环保、成本低等优点，但处理周期较长，且对处理对象的适用性有一定限制。

（三）危险化学品的资源化利用途径

1. 回收再利用

对于具有回收价值的危险化学品，如废溶剂、废催化剂等，可通过回收再利用的

方式，实现资源的循环利用。

2. 能源利用

某些危险化学品可以作为能源利用，如废油、废轮胎等，通过燃烧或热解等方式，产生热能或电能。

3. 生产新材料

一些危险化学品经过处理和加工，可作为原料生产新材料，如废塑料可制成再生塑料颗粒，用于制造塑料制品。

（四）面临的挑战与改进措施

1. 挑战

技术难题：部分危险化学品的废弃处置和资源化利用技术尚不成熟，处理效果不理想。

成本问题：部分处置和资源化利用方法成本较高，限制了其实际应用。

监管不足：部分企业和个人对危险化学品的废弃处置和资源化利用存在违规操作，监管力度有待加强。

2. 改进措施

加强技术研发：投入更多资源研发高效、低成本的废弃处置和资源化利用技术。

完善政策体系：制定更加严格的法律法规和标准，明确责任主体和处罚措施。

加大监管力度：建立健全的监管体系，加大对危险化学品废弃处置和资源化利用活动的监管和执法力度。

（五）未来发展趋势

1. 技术创新推动

随着科学技术的不断进步，未来危险化学品的废弃处置和资源化利用将更加依赖技术创新。新型材料、工艺和设备将不断涌现，为废弃处置和资源化利用提供更多可能。

2. 政策引导与支持

政府将进一步加大政策引导和支持力度，推动危险化学品的废弃处置和资源化利用行业健康发展。通过提供税收优惠、资金扶持等措施鼓励企业加大投入力度。

3. 产业链协同发展

危险化学品的废弃处置和资源化利用将更加注重与上下游产业的协同发展。通过构建完善的产业链和循环经济体系实现危险化学品的全生命周期管理。

4. 国际合作与交流

面对全球性的环境问题和资源挑战各国将加强在危险化学品废弃处置和资源化利用领域的国际合作与交流共同推动相关技术的研发和应用推广。

（六）总结与展望

危险化学品的废弃处置与资源化利用是环境保护和资源可持续利用的重要组成部

分。通过遵循安全、环保和合规合法的原则并采取适当的废弃处置方法和资源化利用途径，可以有效减少环境污染、资源浪费和安全隐患。面对当前存在的挑战和未来发展趋势，我们需要加强技术研发、完善政策体系、加大监管力度并推动产业链协同发展和国际合作与交流，为实现危险化学品的绿色管理和可持续发展贡献力量。

五、危险化学品的跨界转移与国际合作

随着全球化的深入发展，危险化学品的跨界转移已成为一个不容忽视的问题。这种转移可能涉及不同国家、地区甚至大陆之间的运输和处置，增加了风险管理和监管的复杂性。因此，加强国际合作，共同应对危险化学品跨界转移带来的挑战显得尤为重要。本节将探讨危险化学品的跨界转移现象、国际合作的重要性、合作机制与实践，并分析其面临的挑战与改进措施和未来发展趋势。

（一）危险化学品的跨界转移现象

危险化学品的跨界转移主要包括跨国运输、转口贸易和跨境处置等形式。随着全球贸易的增长和供应链的复杂化，这种跨界转移现象愈发普遍。例如，某些国家可能将危险化学品出口至其他国家以规避严格的国内环境法规，或者将废弃物转移至监管较松散的地区进行处置。

（二）危险化学品的国际合作重要性

危险化学品跨界转移可能引发一系列环境问题，如污染跨境传播、生态破坏和公众健康风险等。因此，加强国际合作对于有效管理危险化学品跨界转移、减少环境污染和保障全球生态安全具有重要意义。通过国际合作，各国可以共享资源、技术和经验，共同制定和执行更加严格的监管措施，从而确保危险化学品的安全运输和合规处置。

（三）危险化学品的国际合作机制与实践

1. 国际法规与协议

为规范危险化学品的跨界转移，国际社会已制定了一系列国际法规与协议，如《巴塞尔公约》《鹿特丹规则》等。这些法规与协议为各国提供了共同遵循的标准和准则，有助于减少危险化学品跨界转移带来的风险。

2. 双边与多边合作

各国之间通过双边或多边合作的形式，共同应对危险化学品跨界转移问题。例如，签订双边协议、开展联合执法行动、建立信息共享机制等。这些合作形式有助于加强监管、提高处置效率并降低跨界转移的风险。

3. 国际组织的作用

国际组织（如联合国环境规划署、国际原子能机构（IAEA）等）在国际合作中发挥着重要作用。它们通过提供技术支持、政策建议和协调平台等方式，推动各国在危

险化学品跨界转移问题上开展深入合作。

（四）面临的挑战与改进措施

1. 挑战

法规标准不统一：各国在危险化学品管理方面的法规和标准存在差异，可能导致监管套利和合规性问题。

信息不对称：危险化学品跨界转移涉及多个环节和多个国家，信息不对称可能导致监管失效等。

技术和资源差距：发展中国家在危险化学品管理方面的技术和资源相对匮乏，可能影响其参与国际合作的能力。

2. 改进措施

加强法规标准的协调与统一：推动各国在危险化学品管理方面的法规和标准逐步趋同，减少监管套利和合规性问题。

强化信息共享与透明度：建立危险化学品跨界转移的信息共享平台，提高透明度和监管效率。

提供技术与资金支持：加强对发展中国家在危险化学品管理方面的技术与资金支持，帮助其提高参与国际合作的能力。

（五）未来发展趋势

1. 更加严格的国际法规与协议

随着全球环境保护意识的提高，未来国际社会可能会制定更加严格的国际法规与协议来规范危险化学品的跨界转移。

2. 强化区域合作与一体化进程

在区域层面，各国可能会加强合作与一体化进程，共同应对危险化学品跨界转移带来的挑战。例如，通过建立区域性的监管机制、信息共享平台和应急响应体系等方式加强合作。

3. 技术创新与绿色发展

技术创新将在危险化学品跨界转移管理中发挥越来越重要的作用。通过研发新型材料、工艺和设备等方式降低危险化学品的环境风险，推动绿色发展和可持续发展。

（六）总结与展望

危险化学品的跨界转移是一个复杂而严峻的问题，需要国际社会共同努力来应对。通过加强国际合作、完善法规与协议、强化信息共享与透明度以及提供技术与资金支持等方式，我们可以逐步减少危险化学品跨界转移带来的风险和挑战。展望未来，我们期待通过更加紧密的国际合作和技术创新推动危险化学品管理的绿色发展和可持续发展为全球生态安全和人类健康贡献力量。

第三节　化学品安全管理的发展与完善

一、化学品安全与危险品管理的技术创新和研发

化学品安全与危险品管理的技术创新与研发对于减少事故风险、提高处置效率、保障人员安全以及保护环境具有重大意义。随着科技的进步，这一领域正经历着前所未有的变革。本节将深入探讨化学品安全与危险品管理技术创新与研发的重要性、当前的主要研发方向、面临的挑战以及未来的发展趋势。

（一）化学品安全与危险品管理技术创新和研发的重要性

化学品安全与危险品管理领域的技术创新与研发对于提高整个行业的安全水平具有重要意义。首先，技术创新可以推动危险品检测、识别、监控和预警技术的提升，从而实现对危险源的快速发现和控制。其次，新技术有助于改进危险品处置和救援方法，减少事故造成的损失。最后，通过研发新型环保材料和技术，可以降低化学品生产和使用过程中的环境风险。

（二）化学品安全与危险品管理当前的主要研发方向

1. 智能监测与预警技术

智能监测与预警技术是当前研究的热点之一。通过利用物联网、大数据、人工智能等技术手段，实现对危险源的实时监控和预警，提高事故预防和应对能力。

2. 危险品处置与救援技术

危险品处置与救援技术的研究重点包括高效灭火技术、废弃物无害化处理技术、应急救援装备等。这些技术的研发有助于提高事故处置效率和救援能力。

3. 环保材料与技术研发

环保材料与技术研发是降低化学品环境风险的关键。通过研发新型环保材料、替代传统有害化学品以及优化生产工艺，减少化学品生产和使用过程中的环境污染。

4. 虚拟现实与仿真技术

虚拟现实与仿真技术在化学品安全与危险品管理领域的应用逐渐增多。通过构建虚拟场景和仿真模型，进行事故模拟和应急演练，增强人员的安全意识和应急能力。

（三）化学品安全与危险品管理面临的挑战

技术创新与研发在化学品安全与危险品管理领域面临着诸多挑战。首先，技术研发需要大量的资金投入和人才支持，而当前资金短缺和人才匮乏是制约研发进展的主要因素。其次，新技术的推广应用受到行业惯性、法规政策等因素的制约，需要克服各种障碍。此外，技术创新与研发还需要应对技术成熟度、市场接受度以及潜在风险等问题。

（四）化学品安全与危险品管理未来的发展趋势

1. 技术融合与集成应用

未来化学品安全与危险品管理领域的技术创新与研发将更加注重技术融合与集成应用。通过整合多种技术手段和设备资源，实现智能化、自动化和协同化的管理与应急响应。

2. 大数据与人工智能的深入应用

大数据与人工智能技术的发展将为化学品安全与危险品管理领域带来革命性的变革。通过收集和分析海量数据，建立智能预测模型和优化算法，实现对危险源的精准识别和高效管理。

3. 绿色可持续发展理念的贯彻

随着全球环保意识的提高，绿色可持续发展将成为化学品安全与危险品管理领域技术创新与研发的重要方向。通过研发环保材料和技术、优化生产工艺和流程、推动循环经济等方式，降低化学品生产和使用过程中的环境风险，实现经济效益和环境效益的双赢。

（五）总结与展望

化学品安全与危险品管理领域的技术创新与研发对于提高整个行业的安全水平和降低环境风险具有重要意义。当前，该领域正面临着资金、人才、法规等方面的挑战，但未来的发展趋势仍然充满希望。通过加强研发投入、培养专业人才、推动技术融合与应用以及贯彻绿色可持续发展理念等方式，我们可以期待化学品安全与危险品管理领域的技术创新与研发取得更加显著的成果，为全球化学工业的安全和可持续发展作出重要贡献。

二、化学品安全与危险品管理的法律法规的完善与推广

化学品安全与危险品管理对于保障人民生命财产安全、维护社会稳定和推动可持续发展具有重要意义。法律法规的完善与推广是确保化学品安全与危险品管理有效性的关键。本节将探讨化学品安全与危险品管理法律法规的重要性、当前法律法规的现状与不足、完善法律法规的途径以及推广实施的有效策略。

（一）法律法规的重要性

法律法规在化学品安全与危险品管理中发挥着至关重要的作用。它不仅能够明确各方的责任与义务，规范行业行为，还能够提供法律保障，确保各项管理措施得以有效实施。完善的法律法规体系有助于减少化学品事故发生的可能性，降低事故造成的损失，并为社会经济的可持续发展提供坚实保障。

（二）当前法律法规的现状与不足

尽管各国在化学品安全与危险品管理方面已经制定了一系列法律法规，但仍存在

一些不足之处。首先，部分法律法规的内容不够具体明确，导致执行过程中存在歧义和困难。其次，法律法规的更新速度较慢，无法及时适应新技术、新产业的发展需求。此外，法律法规的执行力度和监管效果也有待提高，部分违法违规行为仍时有发生。

（三）完善法律法规的途径

1. 加强法律法规的制定与修订

针对当前法律法规存在的不足，应加强制定与修订工作。具体包括明确各方责任与义务、规范行业行为、加强事故预防与应急处置等方面的内容。同时，还应关注新技术、新产业的发展动态，及时修订相关法规，确保其适应性和有效性。

2. 提高法律法规的透明度与参与度

在制定和修订法律法规的过程中，应提高透明度，广泛征求各方意见，确保各方利益得到充分保障。同时，还应加强公众参与，提高公众对法律法规的认知度和认同感，为其顺利实施奠定基础。

3. 强化法律法规的执行与监管

为确保法律法规的有效实施，应强化执行与监管力度。具体包括建立健全的执法机构、加强执法队伍建设、完善执法程序等方面的工作。同时，还应加大对违法违规行为的查处力度，确保各项规定被人们严格遵守。

（四）推广实施的有效策略

1. 加强宣传教育与培训

通过开展宣传教育与培训活动，提高公众对化学品安全与危险品管理法律法规的认知度和重视程度。同时，还应加强对企业和管理人员的培训，提高其遵守法律法规的自觉性和能力。

2. 建立健全的监督机制

建立健全的监督机制是确保法律法规得到有效推广和实施的关键。应加强对法律法规执行情况的监督检查，及时发现和纠正违法违规行为。同时，还应建立健全的举报奖励制度，鼓励公众参与监督。

3. 加强国际合作与交流

通过加强国际合作与交流，借鉴国际先进经验和技术手段，推动国内化学品安全与危险品管理法律法规的完善与推广。同时，还应积极参与国际标准化组织的工作，推动相关标准的制定和完善。

（五）总结与展望

化学品安全与危险品管理法律法规的完善与推广是确保化学品安全与危险品管理有效性的关键。针对当前法律法规存在的不足，应加强制定与修订工作、提高法律法规的透明度与参与度、强化法律法规的执行与监管等方面的工作。同时，还应加强宣传教育与培训、建立健全的监督机制、加强国际合作与交流等策略的实施。展望未来，我们期待通过不断完善与推广化学品安全与危险品管理法律法规，为全球化学工业的安全和可持续发展提供有力保障。

三、化学品安全与危险品管理的社会责任和公众教育

化学品安全与危险品管理不仅是政府和企业的责任，更是全社会共同关注的重要议题。社会责任和公众教育在这一领域扮演着至关重要的角色。社会责任要求各方主体积极履行对公众、环境和社会整体的义务，而公众教育则是提升全社会化学品安全意识、预防和减少事故风险的关键手段。本节将详细探讨化学品安全与危险品管理的社会责任和公众教育的内涵、实践途径及其重要性。

（一）社会责任的内涵与实践

1. 社会责任的定义

社会责任是指企业、政府和个人在追求经济利益的同时，积极保护社会利益、维护社会公正、促进社会发展的义务。在化学品安全与危险品管理领域，社会责任主要体现在确保化学品安全、减少环境污染、保障公众健康等方面。

2. 政府的社会责任

政府作为监管者和政策制定者，在化学品安全与危险品管理方面承担着重要的社会责任。这包括制定完善的法律法规、建立高效的监管体系、加大执法力度、提供必要的应急救援和公共服务等。

3. 企业的社会责任

企业在化学品生产与经营过程中，应严格遵守法律法规，加强安全生产管理，确保产品质量安全。同时，企业还应积极投入研发，推动技术创新，减少化学品的环境风险。此外，企业还应加强与社会各界的沟通与合作，共同推动化学品安全与危险品管理水平的提升。

4. 个人的社会责任

个人在化学品安全与危险品管理方面同样承担着社会责任。这包括增强自我安全意识，正确使用化学品，遵守相关规定和警示标识，参与公共安全教育等。每个人都应成为化学品安全的宣传者和践行者，共同营造安全、和谐的社会环境。

（二）公众教育的重要性与实践途径

1. 公众教育的重要性

公众教育是提升全社会化学品安全意识、预防和减少事故风险的关键手段。通过加强公众教育，可以提高公众对化学品安全与危险品管理的认识和理解，增强自我保护意识和能力，促进全社会的共同参与和监督。

2. 学校教育的作用

学校教育是公众教育的重要组成部分。通过在学校开设相关课程、组织实践活动等方式，可以培养学生的化学品安全意识，提高其应对化学品事故的能力。同时，学

校还可以与企业、社区等合作，共同开展化学品安全教育活动，扩大教育覆盖面。

3. 媒体宣传的作用

媒体宣传是公众教育的重要手段之一。通过电视、广播、报纸、网络等媒体平台，可以广泛传播化学品安全知识和信息，提高公众的关注度和认知度。同时，媒体还可以发挥舆论监督作用，推动政府和企业履行社会责任，共同维护化学品安全。

4. 社区活动的推广

社区活动是提升公众化学品安全意识的有效途径。通过组织安全知识讲座、应急演练、展览等形式多样的活动，可以让公众更加直观地了解化学品安全与危险品管理的重要性，增强自我保护意识和能力。同时，社区活动还可以促进邻里之间的交流与合作，共同构建安全、和谐的社区环境。

（三）挑战与展望

1. 面临的挑战

虽然社会责任和公众教育在化学品安全与危险品管理领域具有重要地位，但在实践中仍面临着诸多挑战。例如，法律法规不完善、监管力度不足、企业安全意识薄弱、公众参与度不高等问题都制约了社会责任和公众教育的有效实施。

2. 未来的展望

展望未来，我们期待通过不断完善法律法规、加大监管力度、推动企业履行社会责任、提高公众参与度等方式，推动化学品安全与危险品管理领域的社会责任和公众教育取得更加显著的成效。同时，我们还应积极探索新的教育方法和手段，如利用互联网、大数据等现代信息技术手段提高教育效果和质量。相信在全社会的共同努力下，我们能够构建一个更加安全、和谐、可持续发展的化学品使用环境。

（四）总结

综上所述，化学品安全与危险品管理的社会责任与公众教育对于保障人民生命财产安全、维护社会稳定和促进可持续发展具有重要意义。通过加强政府、企业和个人在社会责任方面的履行以及通过学校教育、媒体宣传、社区活动等途径加强公众教育，我们可以提升全社会对化学品安全与危险品管理的关注度和认识水平，共同营造一个安全、和谐的社会环境。

第四章 环境污染与治理技术研究

第一节 化工生产过程中的污染物处理概述

一、化工生产过程中的污染物排放与控制

作为现代工业的重要组成部分，化工生产为人类社会的进步提供了巨大的物质支持。然而，伴随着化工生产活动的进行，污染物排放问题也日益凸显，给生态环境和人体健康带来了严重威胁。因此，探讨化工生产过程中的污染物排放与控制问题，对于实现化工产业的绿色、可持续发展具有重要意义。

（一）化工生产过程中的主要污染物

化工生产是一个复杂的工艺过程，涉及多种原料、中间体和产品的使用与生成。因此，在生产过程中会不可避免地产生各种污染物。这些污染物种类繁多，且多数具有有毒、有害的特性。以下是化工生产过程中的主要污染物类型：

1. 废气

化工生产过程中，废气是主要污染物之一。废气中通常含有多种有害气体和颗粒物，如二氧化硫、氮氧化物、一氧化碳、挥发性有机物（VOCs）等。这些物质不仅会对大气环境造成污染，还可能对人体健康产生直接危害。例如，二氧化硫和氮氧化物是形成酸雨的主要物质，会导致水体酸化，进而破坏水生生态系统；VOCs 则可能引发臭氧污染，对人体健康产生不良影响。

2. 废水

化工生产废水通常含有高浓度的有毒有害物质，如重金属离子（如铅、汞、镉等）、有机物（如苯、酚、氰化物等）等。这些物质若未经处理直接排入水体，将严重破坏水生生态，影响水质，甚至威胁饮用水安全。此外，废水中的有害物质还可能通过食物链进入人体，对人体健康造成潜在威胁。

3. 废渣

化工生产过程中产生的废渣主要包括固体废弃物和污泥等。这些废渣往往含有大量有毒有害物质，如重金属、有机物等。若未经妥善处理，废渣的堆积和排放将占用

大量土地，污染土壤，影响农作物的生长和品质。同时，废渣中的有害物质还可能通过渗透、淋滤等方式进入地下水体，进一步加剧环境污染。

（二）污染物排放对环境和人体健康的影响

化工生产过程中的污染物排放对环境和人体健康的影响是多方面的，且往往具有长期性和累积性。以下是污染物排放对环境和人体健康的主要影响：

1. 对环境的影响

大气污染：废气排放导致的大气污染不仅影响空气质量，还可能引发酸雨、温室效应等环境问题。酸雨会破坏植被和建筑物，对生态系统造成长期损害；温室效应则加剧全球气候变化，对全球环境产生深远影响。

水体污染：废水排放导致的水体污染会破坏水生生态，影响水质，甚至威胁饮用水安全。长期的水体污染可能导致水生生物死亡、水体富营养化等问题，严重影响生态系统的稳定。

土壤污染：废渣的堆积和排放会导致土壤污染，影响农作物的生长和品质。土壤污染可能导致农作物吸收有毒有害物质，进而对人体健康产生潜在威胁。

2. 对人体健康的影响

直接健康危害：污染物中的有毒有害物质可能通过呼吸、皮肤接触等途径进入人体，对人体健康造成直接危害。例如，长期暴露于高浓度的废气中可能导致呼吸道疾病、心血管疾病等；摄入含有有毒有害物质的饮用水或食物则可能导致中毒、癌症等。

间接健康危害：污染物排放还可能通过食物链进入人体，对人体健康造成间接危害。例如，含有重金属的废渣可能通过渗透、淋滤等方式进入地下水体，进而污染农作物和水产品，最终影响人体健康。

综上所述，化工生产过程中的污染物排放对环境和人体健康的影响是严重的、多方面的。因此，在化工生产过程中必须采取严格的环保措施和排放标准，确保污染物的有效治理和减排，以保障环境安全和人体健康。同时，还需要加大环境监管和执法力度，确保企业遵守环保法规和标准，共同推动化工行业的绿色、可持续发展。

（三）污染物排放控制技术

为了降低化工生产过程中的污染物排放，需要采取一系列有效的控制技术。针对废气排放，可以采用吸收、吸附、催化转化等方法进行处理；针对废水排放，则可以采用物理、化学、生物等方法进行净化处理；对于废渣的处理，可以采取资源化利用、无害化处理等方式。这些技术的选择和应用需要根据具体的污染物种类、排放浓度和排放标准等因素进行综合考虑。

（四）污染物排放管理政策与法规

为了加强化工生产过程中的污染物排放管理，各国政府都制定了一系列相关的政策和法规。这些政策和法规通常包括排放标准、排放许可、排污费征收、环境监管等方面的内容。通过实施这些政策和法规，可以有效地促进化工企业加强污染物排放控制力度，减少环境污染。

（五）化工生产过程中的绿色技术与清洁生产

为了实现化工产业的绿色、可持续发展，需要大力推广绿色技术和清洁生产。绿色技术是指在化工生产过程中采用环保、高效、低耗的技术和设备，减少污染物的产生和排放。清洁生产则是一种全新的生产理念，它强调在产品设计、原料选择、生产工艺、废弃物处理等各个环节都注重环境保护和资源利用效率的提高。通过推广绿色技术和清洁生产，可以有效地降低化工生产过程中的污染物排放，实现经济效益和环境效益的双赢。

（六）总结与展望

化工生产过程中的污染物排放与控制问题是一个复杂而紧迫的课题。通过深入了解污染物的种类、排放途径和危害程度，采取科学有效的控制技术和管理措施，可以有效地降低污染物排放量，保护生态环境和人体健康。未来，随着科技的不断进步和环保意识的日益增强，我们相信化工产业将实现更加绿色、可持续的发展。

二、环境监测与污染源追踪技术

环境监测与污染源追踪技术是环境保护和污染控制领域的关键技术，对于有效管理化工生产过程、确保环境质量和保障公众健康具有重要意义。本节将详细探讨环境监测的基本原理、方法以及污染源追踪技术的应用与发展。

（一）环境监测的基本原理与方法

环境监测是指通过科学手段对环境中各种污染物的种类、浓度、分布和变化趋势进行系统观测、分析和评价的过程。其基本原则主要包括代表性原则、准确性原则和可比性原则。代表性原则要求监测数据能够真实反映环境状况；准确性原则要求监测结果准确可靠；可比性原则要求监测数据在不同时间、不同地点具有可比性。

环境监测的方法多种多样，包括物理监测、化学监测和生物监测等。物理监测主要利用物理原理和设备对环境中的物理量进行测量，如温度、湿度、压力等；化学监测则通过化学分析手段对环境中的化学物质进行定量和定性分析；生物监测则利用生物体对环境变化的敏感性和指示性，对环境质量进行评估。

（二）污染源追踪技术的概念与应用

污染源追踪技术是指通过一系列科学手段和方法，对污染源进行定位、识别、量化和溯源的过程。其目的在于为环境管理和决策提供科学依据，为污染控制和治理提供有效手段。

（三）环境监测与污染源追踪技术的结合应用

环境监测与污染源追踪技术的结合应用，可以更好地理解环境污染的状况和机制，为环境管理和决策提供更为全面和科学的依据。例如，通过环境监测发现某一区域的污染物浓度超标，可以进一步利用污染源追踪技术对该区域的污染源进行定位和识别，从而有针对性地采取污染控制措施。

（四）技术创新与未来发展

随着科学技术的不断进步，环境监测与污染源追踪技术也在不断创新和发展。一方面，新型传感器、遥感遥测、大数据等技术的应用，使得环境监测更加快速、准确和高效；另一方面，分子生物学、纳米技术等前沿技术的引入，也为污染源追踪提供了新的思路和方法。

未来，环境监测与污染源追踪技术将更加注重实时监测、智能化分析和精准定位。同时，随着全球环境问题的日益严峻，跨国界、跨区域的环境监测与污染源追踪合作也将成为未来的重要趋势。

（五）总结

环境监测与污染源追踪技术是环境保护和污染控制领域的重要支撑。通过深入研究和应用这些技术，我们可以更好地了解环境状况，发现污染问题，为环境管理和决策提供科学依据。同时，我们也应看到，当前的环境监测与污染源追踪技术仍面临诸多挑战和问题，需要不断加强技术创新和合作交流，推动这些技术的不断进步和发展。

三、废水处理与资源化利用技术

废水处理与资源化利用技术是解决化工生产过程中产生的大量废水问题的关键。随着环境保护意识的增强和可持续发展理念的深入人心，废水处理与资源化利用已成为化工领域研究的热点和重点。本节将详细探讨废水处理的基本方法、资源化利用的途径及技术创新与未来发展。

（一）废水处理的基本方法

废水处理主要包括物理处理、化学处理、生物处理等方法。物理处理主要通过过滤、沉淀、吸附等手段去除废水中的悬浮物、颗粒物等；化学处理则利用化学反应原理，通过中和、氧化还原等方式去除废水中的有害物质；生物处理则利用微生物的代谢作用，将废水中的有机物分解为无害物质。

在实际应用中，废水处理通常需要根据废水的性质和处理目标选择合适的处理方法。例如，对于含有重金属离子的废水，可以采用化学沉淀法或离子交换法进行处理；对于含有大量有机物的废水，则可以采用生物处理法进行处理。

（二）资源化利用的途径

废水处理不仅是为了去除有害物质，更重要的是实现废水的资源化利用。资源化利用的途径主要包括废水回用、能源回收、物质回收等。

废水回用是指将经过处理的废水再次用于生产或生活用水。这不仅可以减少新鲜水资源的消耗，还可以降低废水排放对环境的影响。在实际应用中，废水回用需要确保水质达到相应的回用标准，避免对生产或生活造成不良影响。

能源回收是指从废水中提取热能、电能等能源。例如，可以利用废水中的热能进行供暖或发电；通过微生物燃料电池等技术，还可以将废水中的有机物转化为电能。

物质回收则是指从废水中提取有价值的物质进行再利用。例如，可以从废水中回收金属离子、有机物等，用于生产化学品等。

（三）技术创新与未来发展

随着科技的进步和环保要求的提高，废水处理与资源化利用技术也在不断创新和发展。一方面，新型材料、新工艺的应用提高了废水处理的效率和效果；另一方面，信息技术、智能控制等现代技术的应用也为废水处理与资源化利用提供了更加智能化和精准化的解决方案。

未来，废水处理与资源化利用技术的发展将更加注重以下几个方面：一是提高处理效率和效果，降低处理成本；二是加强废水中有价值物质的回收和利用，提高资源利用效率；三是推动废水处理与资源化利用技术的集成和创新，实现废水处理与资源利用的协同优化；四是加强政策引导和法规制定，推动废水处理与资源化利用技术的广泛应用和普及。

（四）总结与展望

废水处理与资源化利用技术是解决化工生产过程中废水问题的关键。通过合理选择废水处理方法、推动资源化利用途径的创新和发展、加强技术创新和政策引导等措施，可以有效降低废水排放对环境的影响，实现废水的资源化利用和可持续发展。未来，随着科技的不断进步和环保要求的不断提高，废水处理与资源化利用技术将迎来更加广阔的发展空间和挑战。我们期待通过不断研究和实践，推动废水处理与资源化利用技术的不断进步和发展，为保护环境、实现可持续发展作出更大的贡献。

四、废气治理与排放标准

废气治理是化工生产过程中的重要环节，旨在减少有害气体的排放，保护环境和人类健康。随着环保法规的日益严格和公众对空气质量要求的提高，废气治理与排放标准成为化工产业可持续发展的关键。本节将详细探讨废气治理的基本方法、废气治理的排放标准及其制定过程，以及废气治理技术的发展趋势。

（一）废气治理的基本方法

废气治理的基本方法主要包括物理治理、化学治理和生物治理。物理治理主要利用物理原理，如吸附、过滤、冷凝等，去除废气中的颗粒物和有害气体；化学治理则通过化学反应，如中和、氧化、还原等，将有害气体转化为无害物质；生物治理则利用微生物的代谢作用，将废气中的有机物分解为无害物质。

在实际应用中，废气治理方法的选择应根据废气成分、浓度、排放标准和治理成本等因素综合考虑。例如，对于含有硫氧化物的废气，可以采用湿式氧化法等进行治理；对于含有挥发性有机物的废气，则可以采用活性炭吸附法或生物过滤法进行治理。

（二）废气治理的排放标准及其制定过程

排放标准是指规定的废气中各种有害物质的最高允许排放浓度或排放量。制定排放标准的过程通常包括科学研究、风险评估、公众参与和政策制定等步骤。

科学研究是制定排放标准的基础，通过对废气中有害物质的环境影响和健康影响进行深入研究，为制定科学、合理的排放标准提供依据。风险评估则是对废气排放可能对环境和人类健康造成的影响进行评估，为制定排放标准提供决策支持。公众参与是制定排放标准的重要环节，通过公开征求意见、听证会等方式，让公众参与到排放标准的制定过程中，提高排放标准的透明度和公信力。

在制定排放标准时，需要综合考虑多种因素，包括环境容量、技术可行性、经济成本、社会接受度等。同时，排放标准也需要根据科技进步和环保要求的提高进行不断更新和调整。

（三）废气治理技术的发展趋势

随着科技的进步和环保要求的提高，废气治理技术也在不断创新和发展。未来，废气治理技术的发展将呈现以下几个趋势：

高效化与集成化：废气治理技术将更加注重高效化和集成化，通过优化治理工艺和设备，提高治理效率和效果，降低治理成本。

智能化与自动化：随着信息技术和智能控制技术的发展，废气治理将实现智能化和自动化，通过实时监测、智能分析和自动调节等手段，提高治理精度和稳定性。

资源化与循环化：废气治理将更加注重资源化和循环化，通过废气中有价值物质的回收和利用，实现资源的循环利用和减量化排放。

多技术融合：未来废气治理技术的发展将更加注重多技术融合，通过物理、化学、生物等多种技术的组合和优化，实现废气治理的优化。

（四）总结与展望

废气治理是化工生产过程中的重要环节，对于保护环境和人类健康具有重要意义。通过不断研究和应用新的废气治理技术、制定科学合理的排放标准并加大监管和执法力度等措施，可以有效降低化工生产过程中的废气排放对环境和人类健康的影响。

　　未来，随着科技的不断进步和环保要求的不断提高，废气治理技术将迎来更加广阔的发展空间和挑战。我们期待通过不断研究和实践推动废气治理技术的不断创新和发展，为保护环境实现可持续发展作出更大的贡献。同时我们也应看到废气治理是一个长期而复杂的过程，需要政府、企业和社会各界的共同努力和合作才能实现真正的环保和可持续发展。

第二节　化工废弃污染物处理技术

一、固体废弃物处理与处置技术

（一）概述

　　随着人类社会的发展和进步，固体废弃物的产生量逐年增长，如何有效地处理与处置这些废弃物，减少对环境的污染和危害，已成为当前环境保护领域的重要课题。固体废弃物处理与处置技术的研发和应用对于实现可持续发展、构建资源节约型和环境友好型社会具有重要意义。

（二）固体废弃物的分类

　　固体废弃物可根据其来源、性质和处理方式的不同，分为多种类型。常见的分类方法包括按来源分为工业固体废弃物、生活垃圾、农业固体废弃物等；按性质分为有机废弃物、无机废弃物、危险废弃物等。不同类型的固体废弃物需要采用不同的处理与处置技术。

（三）固体废弃物的处理技术

　　物理处理技术：主要包括分拣、破碎、压缩、分选等方法。通过这些物理手段，可以减小废弃物的体积，便于后续处理或资源化利用。

　　化学处理技术：主要包括焚烧、热解、化学稳定化等方法。这些方法可以将废弃物中的有害物质转化为无害或低害物质，同时实现能量的回收和利用。

　　生物处理技术：主要包括堆肥、厌氧消化、生物降解等方法。通过微生物的作用，可以将有机废弃物转化为肥料或生物能源，实现废弃物的资源化利用。

（四）固体废弃物的处置技术

　　填埋技术：填埋是一种常见的固体废弃物处置方法。通过选择合适的填埋场地和填埋材料，将废弃物进行分层填埋并覆盖，使其在一定时间内达到稳定状态。填埋技术具有操作简单、成本低廉等优点，但也可能引发地下水污染、土壤污染等问题。

土地利用技术：将经过处理的固体废弃物用于土地改良或填充材料，可以实现废弃物的资源化利用。这种技术不仅可以减少废弃物的排放量，还可以改善土壤质量，提高土地利用效率。

海洋处置技术：将固体废弃物倾倒或排放到海洋中是一种极端的处置方法。由于海洋环境的复杂性和敏感性，这种方法可能对海洋生态系统造成严重的破坏和污染。因此，海洋处置技术应谨慎使用，并受到严格监管和限制。

（五）固体废弃物处理与处置技术的发展趋势

随着科技的不断进步和环境保护要求的提高，固体废弃物处理与处置技术也在不断发展和创新。未来，技术的发展趋势将主要体现在以下几个方面：

高效节能技术：研发和应用更加高效节能的处理与处置技术，降低能耗和排放，提高资源利用效率。

环保安全技术：加强环保安全技术的研发和应用，确保处理与处置过程中不会对环境和人体健康造成危害。

智能化技术：利用大数据、人工智能等先进技术，实现固体废弃物的智能分类、智能管理和智能监控，提高对其处理与处置的效率和准确性。

循环利用技术：推动固体废弃物的循环利用和资源化利用，实现废弃物的减量化、无害化和资源化，促进可持续发展。

（六）总结

固体废弃物处理与处置技术是环境保护领域的重要组成部分。通过不断研发和应用新技术、新方法，我们可以更有效地处理与处置固体废弃物，减少对环境的污染和危害，推动可持续发展。同时，我们也需要加强环境保护意识，倡导绿色生活方式，共同为建设美丽中国贡献力量。

二、土壤污染修复与治理技术

（一）概述

土壤是人类生存和发展的重要基础资源，然而，随着工业化和城市化的快速发展，土壤污染问题日益严重。土壤污染不仅影响农作物的产量和质量，还可能通过食物链对人类健康造成潜在威胁。因此，土壤污染修复与治理技术的研发和应用显得尤为重要。本部分将对土壤污染修复与治理技术进行深入探讨，以期为土壤保护和生态环境改善提供有益参考。

（二）土壤污染概述

土壤污染是指由于人类活动导致的土壤中有害物质含量超过土壤自净能力，从而对土壤生态系统和人类健康造成危害的现象。土壤污染物的种类繁多，包括重金属、有机物、放射性物质等。这些污染物可能通过食物链进入人体，影响人体健康。

（三）土壤污染修复技术

物理修复技术：物理修复技术主要包括换土、深翻、客土、热解吸等方法。这些方法可以直接去除或降低土壤中污染物的含量，但可能存在成本较高、操作困难等问题。

化学修复技术：化学修复技术主要包括土壤淋洗、化学氧化、化学还原等方法。这些方法可以通过改变污染物的化学性质，使其转化为无害或低害物质。然而，化学修复技术可能引入新的污染物，对环境造成二次污染。

生物修复技术：生物修复技术主要包括微生物修复、植物修复、动物修复等方法。这些方法利用生物体的代谢活动降解或转化土壤中的污染物，具有环境友好、成本低廉等优点。其中，微生物修复技术是目前应用最广泛的生物修复技术之一。

（四）土壤污染治理技术

预防控制技术：预防控制技术是土壤污染治理的首要任务。通过加强环境监管，严格控制工业和农业废弃物的排放，减少土壤污染源的产生，是预防土壤污染的关键。

监测评估技术：监测评估技术是土壤污染治理的重要支撑。通过对土壤污染状况进行定期监测和评估，可以及时发现土壤污染问题，为制定治理措施提供科学依据。

综合治理技术：综合治理技术是指综合运用多种技术手段，对土壤污染进行综合治理。这包括污染源的治理、污染土壤的修复、生态环境的恢复等多个方面。综合治理技术的目标是实现土壤污染的有效治理和生态环境的持续改善。

（五）土壤污染修复与治理技术的发展趋势

随着科技的不断进步和环境保护要求的提高，土壤污染修复与治理技术也在不断发展和创新。未来，技术的发展趋势将主要体现在以下几个方面：

绿色环保技术：研发和应用更加环保、低污染的绿色环保技术，减少对环境的二次污染和破坏。

高效节能技术：提高修复与治理技术的效率和节能性能，降低治理成本，促进技术的推广应用。

智能化技术：利用大数据、人工智能等先进技术，实现土壤污染的智能监测、智能评估和智能治理，提高治理的精准性和效率。

综合治理技术：加强多学科交叉融合，研发和应用更加综合、系统的治理技术，实现土壤污染的综合治理和生态环境的整体改善。

（六）总结

土壤污染修复与治理技术是保护土壤生态环境和人类健康的重要手段。通过不断研发和应用新技术、新方法，我们可以更有效地修复和治理土壤污染，实现土壤资源的可持续利用和生态环境的持续改善。同时，我们也需要加强环境保护意识，倡导绿色生活方式，共同为建设美丽中国贡献力量。

三、噪声、振动与辐射污染的防治技术

（一）概述

随着现代工业、交通和科技的快速发展，噪声、振动和辐射污染问题日益突出，对人类生活环境和健康造成了严重影响。为了有效应对这些污染问题，需要采取一系列有效的防治技术。本书将重点探讨噪声、振动和辐射污染的防治技术，以期为环境保护和人类健康贡献一份力量。

（二）噪声污染的防治技术

声源控制：通过改进设备结构、优化工艺流程、更新低噪声设备等方式，降低声源本身的噪声强度。这是防治噪声污染的根本措施，也是最有效的手段之一。

传播途径控制：采用吸声、隔声、消声等技术手段，减少噪声在传播过程中的传播距离和传播范围。例如，在噪声传播途径中设置声屏障、消声器等设备，可以有效降低噪声对周围环境的影响。

人的防护：对于无法避免的高噪声环境，可以通过佩戴耳塞、耳罩等个人防护设备，减少噪声对人的直接伤害。此外，还可以通过合理安排工作时间、工作地点等方式，减少人在高噪声环境中的暴露时间。

（三）振动污染的防治技术

振源控制：通过改进设备结构、优化运行参数、采用减振技术等方式，降低振源的振动强度。例如，在机械设备上安装减振器、隔振垫等设备，可以有效减少振动对周围环境和人体的影响。

传播途径控制：采用隔振、阻尼等技术手段，减少振动在传播过程中的传递范围和传递强度。例如，在建筑物基础与地面之间设置隔振沟、阻尼材料等，可以有效隔离建筑物与地面之间的振动传递。

人的防护：对于无法避免的高振动环境，可以通过佩戴防振手套、防振鞋等个人防护设备，减少振动对人的直接伤害。此外，还可以通过合理安排工作时间、工作地点等方式，减少人在高振动环境中的暴露时间。

（四）辐射污染的防治技术

辐射源控制：通过优化设备结构、改进工艺流程、采用低辐射材料等方式，降低辐射源的辐射强度。例如，在核设施、医疗设备等辐射源周围设置屏蔽层、隔离带等，可以有效减少辐射对周围环境和人体的影响。

传播途径控制：采用屏蔽、吸收等技术手段，减少辐射在传播过程中的传播距离和传播范围。例如，在建筑物外墙、屋顶等部位设置辐射防护材料，可以有效屏蔽外

部辐射源的影响。

人的防护：对于无法避免的高辐射环境，可以通过佩戴防护服、防护眼镜等个人防护设备，减少辐射对人的直接伤害。此外，还可以通过合理安排工作时间、工作地点等方式，减少人在高辐射环境中的暴露时间。

（五）总结与展望

噪声、振动和辐射污染是当前环境保护领域面临的重要问题之一。通过采取一系列有效的防治技术，可以有效降低这些污染对环境和人体的影响。然而，随着科技的不断进步和工业的快速发展，新的污染问题也在不断涌现。因此，我们需要继续加强技术研发和创新，不断完善和更新防治技术，以应对日益严峻的环境保护挑战。同时，我们也需要加强环境保护意识，倡导绿色生活方式，共同为建设美丽中国贡献力量。

四、环境污染治理技术的创新与研发

（一）概述

随着人类活动的不断发展和工业化进程的加速，环境污染问题日益严重，对生态环境和人类健康造成了巨大威胁。为了有效应对环境污染问题，环境污染治理技术的创新与研发显得尤为重要。通过技术创新和研发，可以不断提升环境治理技术的效率和效果，为环境保护事业提供有力支撑。本书将重点探讨环境污染治理技术的创新与研发，以期为环境保护工作提供有益参考。

（二）环境污染治理技术的创新方向

高效能治理技术：针对不同类型的污染物，可研发高效能的治理技术，以提高治理效率，降低治理成本。例如，针对水体污染，可研发高效的污水处理技术和水体修复技术；针对大气污染，可研发高效的烟气脱硫、脱硝和除尘技术等。

智能化治理技术：借助人工智能、大数据等现代信息技术手段，研发智能化治理技术，实现环境治理的精准化和智能化。例如，利用大数据分析技术对环境污染数据进行实时监测和分析，为环境治理提供科学依据；利用人工智能技术优化环境治理设备的运行参数，提高治理效果。

绿色化治理技术：研发绿色化治理技术，可减少治理过程中的二次污染和资源消耗。例如，研发环保型污水处理技术，减少污水处理过程中的能耗和化学品消耗；研发可循环利用的固体废物处理技术，实现废物的减量化、资源化和无害化。

（三）环境污染治理技术的研发策略

加强基础研究：加强环境污染治理技术的基础研究，深入探索污染物的产生、迁移和转化规律，为技术创新提供理论支撑。

产学研合作：加强企业、高等学校和科研机构之间的合作，形成产学研一体化的研发模式，共同推动环境污染治理技术的创新与研发。

人才培养和引进：加强环境污染治理技术领域的人才培养和引进工作，培养一批高素质的研发人才，提高技术研发水平和创新能力。

加强成果转化：加强环境污染治理技术成果的转化和应用工作，推动科技成果与产业深度融合，促进技术创新和产业升级。

（四）环境污染治理技术的研发实践

新型污水处理技术：针对传统污水处理技术存在的能耗高、效率低等问题，研发新型污水处理技术，如膜生物反应器（MBR）、厌氧氨氧化等，提高污水处理效率，增强水质稳定性。

大气污染控制技术：针对大气污染问题，研发高效的大气污染控制技术，如低氮燃烧技术、烟气脱硫脱硝技术等，降低大气污染物排放浓度，改善空气质量。

土壤修复技术：针对土壤污染问题，研发土壤修复技术，如生物修复、化学修复、物理修复等，修复受损土壤生态系统，提高土壤质量和生产力。

（五）总结与展望

环境污染治理技术的创新与研发是应对环境污染问题的重要手段。通过明确创新方向、制定研发策略、加强实践应用等措施，可以推动环境污染治理技术的不断发展和进步。未来，随着环境保护要求的不断提高和科技创新的不断推进，环境污染治理技术的创新与研发将面临更大的挑战和机遇。我们需要继续加强基础研究、深化产学研合作、加强人才培养和引进、推动成果转化等工作，为环境保护事业贡献更多的智慧和力量。同时，我们也需要关注新兴技术的发展趋势，如人工智能、大数据、生物技术等，探索其在环境污染治理领域的应用前景，为未来的环境治理工作提供更多的可能性。

第三节　环境污染治理技术的应用和发展

一、环境污染治理技术的经济评估与推广应用

（一）概述

环境污染治理技术的经济评估与推广应用是确保这些技术在实际中得到有效应用并产生积极环境效益的关键环节。经济评估能够量化环境治理技术的成本效益，为决策者提供科学依据；而推广应用的成功与否则直接关系到环境治理技术的普及和长远影响。本书将详细探讨环境污染治理技术的经济评估方法、推广应用的策略及其实践案例，以期为环境治理技术的广泛应用提供有益参考。

（二）环境污染治理技术的经济评估

成本效益分析：成本效益分析是评估环境治理技术经济可行性的常用方法。它通过对环境治理技术的投资成本、运行维护费用与预期的环境效益进行比较，计算成本效益比，从而判断技术的经济合理性。

生命周期成本分析：生命周期成本分析考虑了环境治理技术从研发、生产、应用到废弃整个生命周期内的所有成本，包括直接成本和间接成本。这种方法有助于全面评估技术的经济可持续性。

环境经济效益评估：环境经济效益评估综合考虑环境治理技术对环境的改善作用以及由此产生的经济效益。通过对比环境治理前后的环境指标和经济指标，可以评估技术的综合效益。

（三）环境污染治理技术的推广应用策略

政策引导：政府通过制定相关政策和法规，如补贴、税收优惠、排污权交易等，引导和激励企业采用环境治理技术。

宣传教育：通过媒体宣传、科普教育等方式提高公众对环境问题的认识和环保意识，推动社会对环境治理技术的接受度。

技术示范与推广：通过建设环境治理技术示范工程，展示技术的实际效果和经济效益，促进技术的推广应用。

产学研合作：加强企业与科研机构、高等学校的合作，推动环境治理技术的研发和创新，提高技术的成熟度和适用性。

（四）实践案例分析

以某城市实施的污水处理技术推广应用项目为例，该项目采用了先进的污水处理技术，通过政策引导和技术示范相结合的方式进行了推广应用。政府提供了资金支持和税收优惠等政策措施，同时建设了污水处理技术示范工程，展示了技术的实际效果和经济效益。在宣传教育方面，政府组织了多场技术培训和宣传活动，提高了公众对污水处理技术的认识和接受度。经过一段时间的推广应用，该城市的污水处理能力得到了显著提升，水质明显改善，环境效益显著。

（五）总结与展望

环境污染治理技术的经济评估与推广应用是确保技术有效应用并产生积极环境效益的重要环节。通过科学的经济评估和合理地推广应用策略，可以推动环境治理技术的普及和长远发展。未来，随着环境保护要求的不断提高和科技创新的不断推进，环境污染治理技术的经济评估与推广应用将面临新的挑战和机遇。我们需要继续加强技术研发和创新，完善经济评估方法，提高推广应用效率，为推动环境保护事业的持续发展贡献力量。

二、环境污染治理技术的政策导向与支持措施

（一）概述

环境污染治理技术的研发、应用与推广，对于保护生态环境、提升人民生活质量具有重大意义。为了促进环境污染治理技术的创新与发展，政府需要制定明确的政策导向和支持措施，以引导资金流向、激发企业创新活力、推动产学研合作，以及强化环境法规和标准。本书将深入探讨环境污染治理技术的政策导向与支持措施，以期为推动环境治理技术的进步提供政策层面的支持和保障。

（二）政策导向

明确环境治理目标：政府应设定清晰的环境治理目标，包括污染物减排、环境质量改善等具体指标，为技术研发和应用提供明确方向。

鼓励技术创新：政府应出台政策，鼓励企业、科研机构和个人进行环境污染治理技术的研发与创新，推动技术进步和产业升级。

强化环境法规和标准：制定严格的环境法规和标准，推动企业采用先进的治理技术，降低污染物排放，保护环境。

（三）支持措施

资金投入：政府应设立专项资金，支持环境污染治理技术的研发、示范和推广，引导社会资本投入环境治理领域。

税收优惠：对采用先进治理技术的企业给予税收优惠，降低企业成本，提高技术应用的积极性。

金融支持：通过提供贷款、担保等金融支持措施，帮助企业解决环境治理技术投入的资金问题。

产学研合作：鼓励企业、高等学校和科研机构建立产学研合作机制，共同推动环境治理技术的研发和应用。

技术转让和推广：加强环境治理技术的转让和推广工作，推动先进技术的普及和应用。

（四）实践案例

以我国的大气污染治理为例，政府出台了一系列政策导向和支持措施，包括设立专项资金支持大气污染治理技术研发和示范项目、制定严格的大气污染物排放标准、鼓励企业采用先进的治理技术等。这些措施有效推动了大气污染治理技术的进步和应用，为我国空气质量的改善作出了重要贡献。

（五）总结与展望

环境污染治理技术的政策导向与支持措施是推动环境治理技术进步的重要保障。

政府应继续加大政策引导和支持力度，完善相关政策和措施，为环境治理技术的创新与发展创造更加有利的条件。同时，还需要加大政策执行和监管力度，确保政策的有效实施和落地见效。展望未来，随着环保意识的日益增强和科技创新的不断推进，环境污染治理技术的政策导向与支持措施将不断完善和优化，为保护环境、促进可持续发展作出更大贡献。

三、环境污染治理技术国际合作与交流

（一）概述

环境污染治理技术国际合作与交流在应对全球环境问题、促进可持续发展方面扮演着至关重要的角色。随着全球化进程的加速，各国在环境污染治理领域面临着共同的挑战，同时拥有各自的技术优势和实践经验。通过国际合作与交流，可以共享资源、技术、知识和经验，共同推动环境污染治理技术的进步，实现全球环境保护的目标。本书将详细探讨环境污染治理技术国际合作与交流的重要性、主要形式及实践案例，以期为加强国际合作、促进环境治理技术的发展提供有益参考。

（二）环境污染治理技术国际合作与交流的重要性

共享资源与技术：国际合作与交流有助于各国共享环境污染治理领域的资源和技术，促进先进技术的传播和应用，提高全球环境治理水平。

应对共同挑战：全球环境问题日益严重，国际合作与交流有助于各国共同应对挑战，形成合力，实现环境保护目标。

促进技术创新：国际合作与交流为各国提供了学习、借鉴和创新的机会，有助于推动环境污染治理技术的创新和发展。

（三）环境污染治理技术国际合作与交流的主要形式

跨国合作项目：各国政府、企业和科研机构共同开展跨国合作项目，共同研发、推广和应用环境污染治理技术。

技术转让与许可：通过技术转让和许可，将先进的环境污染治理技术引入其他国家，促进技术的普及和应用。

学术交流与研讨：通过举办学术会议、研讨会等活动，促进各国在环境污染治理领域的学术交流与合作，分享研究成果和实践经验。

人员培训与交流：开展人员培训与交流项目，提高各国在环境污染治理领域的专业能力和技术水平。

（四）环境污染治理技术国际合作与交流的实践案例

以全球气候变化合作为例，各国在应对气候变化、减少温室气体排放方面开展了广泛的国际合作与交流。通过共同制定国际协议、开展跨国合作项目、分享减排技术

和经验等方式，各国在应对气候变化方面取得了显著成效。这一实践案例充分展示了环境污染治理技术的国际合作与交流的重要性和价值。

（五）总结与展望

环境污染治理技术的国际合作与交流是应对全球环境问题、促进可持续发展的重要途径。通过加强国际合作与交流，各国可以共享资源、技术、知识和经验，共同推动环境污染治理技术的进步。未来，随着全球环境问题的不断加剧和科技创新的不断发展，环境污染治理技术的国际合作与交流将更加紧密和深入。我们需要进一步加强国际合作与交流，共同应对全球环境问题，促进环境保护事业的发展。同时，我们也需要加强技术创新和人才培养，提高环境污染治理技术的水平和能力，为全球环境保护作出更大的贡献。

四、环境污染治理技术的未来发展趋势与挑战

（一）概述

随着全球环境保护意识的提升和可持续发展目标的追求，环境污染治理技术正面临着前所未有的发展机遇与挑战。随着科技的进步和创新，环境治理技术将持续演化，不断适应和应对日益复杂多变的环境问题。本书将深入探讨环境污染治理技术的未来发展趋势与挑战并给出应对策略与建议，以期为相关领域的研究和实践提供启示和参考。

（二）环境污染治理技术的未来发展趋势

技术创新与融合：环境污染治理技术将继续朝着高效、智能、绿色的方向发展，融合新材料、新能源、信息技术等前沿科技，推动环境治理技术的创新与升级。

系统化与综合治理：未来环境治理将更加注重系统性和整体性，强调多污染物协同控制、多介质综合治理，实现环境治理的全面性和高效性。

智能化与自动化：借助大数据、人工智能等信息技术手段，实现环境治理设备的智能化和自动化，提高治理效率，降低人力成本。

循环经济与资源利用：推动环境治理与循环经济的深度融合，实现废物的减量化、资源化和无害化，促进资源的循环利用和可持续发展。

（三）环境污染治理技术面临的挑战

技术瓶颈与成本问题：当前部分环境治理技术仍存在技术瓶颈和成本问题，限制了技术的广泛应用和推广。

法规政策与市场机制：环境法规政策的完善和市场机制的建立是环境治理技术发展的重要保障，但目前仍存在一些法规政策不完善、市场机制不健全的问题。

国际合作与竞争压力：随着全球环境治理的深入，国际合作与竞争压力日益加大，

需要各国加强合作、共同应对环境问题。

（四）应对策略与建议

加强技术研发与创新：加大科研投入，推动环境治理技术的研发与创新，突破技术瓶颈，降低成本，提高治理效率。

完善法规政策与市场机制：建立健全环境法规政策体系，完善市场机制，为环境治理技术的发展提供有力保障。

强化国际合作与交流：加强国际合作与交流，共同应对全球环境问题，推动环境治理技术的国际标准化和普及化。

增强公众环保意识：加强环保宣传教育，增强公众环保意识，形成全社会共同参与环境治理的良好氛围。

（五）总结与展望

环境污染治理技术的未来发展趋势与挑战并存，需要我们在技术创新、法规政策、国际合作等多方面做出努力。随着科技的进步和社会的发展，我们有理由相信，环境污染治理技术将不断取得新的突破和进展，为保护地球生态环境、实现可持续发展作出更大的贡献。同时，我们也应清醒地认识到，环境治理技术的发展还面临着诸多挑战和困难，需要我们持续投入、不断创新、共同应对。展望未来，让我们携手共进，为构建美丽地球家园贡献智慧和力量。

第五章 绿色化工与可持续发展

第一节 绿色化工概述

一、绿色化工的概念与原则

(一) 绿色化工的概念

绿色化工，也被称为"环境友好型化工"或"清洁化工"，是一种新兴的工业模式。它强调在化工产品的设计、制造、包装、运输、使用及废弃处理等全生命周期中，都应严格遵循环境保护的原则，力求将环境污染最小化，资源利用最大化。绿色化工不仅关注化工生产过程中的环境保护，还强调产品本身对环境和人类健康的无害性。

绿色化工的核心在于实现化工产业与环境保护的和谐共生。它要求化工产业在追求经济效益的同时，更加注重对环境的保护和资源的合理利用。通过采用先进的生产技术和管理方法，绿色化工旨在降低化工生产对环境的污染，减少资源消耗，提高能源利用效率，从而推动化工产业的可持续发展。

绿色化工不仅是一种工业模式，更是一种理念。它强调人类社会的发展不能以牺牲环境为代价，而应该在保护环境的前提下实现经济的增长。绿色化工的理念已经逐渐深入人心，成为化工产业发展的重要趋势。

(二) 绿色化工的原则

绿色化工的原则可以概括为以下几个方面：

减少环境污染：绿色化工的首要原则是在生产过程中减少污染物的排放。这包括减少废气、废水、废渣等污染物的产生和排放，以及降低噪音等环境噪声的污染。为实现这一目标，绿色化工鼓励采用清洁生产技术，如使用环保材料、优化生产流程、更新节能设备等。

提高资源利用效率：绿色化工强调资源的合理利用和高效利用。在生产过程中，应尽量减少对原材料的消耗，提高原材料的利用率。同时，还应注重废弃物的回收和再利用，实现资源的循环利用。这不仅可以降低生产成本，还可以减少对自然资源的浪费。

推动技术创新：技术创新是实现绿色化工的关键。通过不断地创新技术，可以开发更加环保、高效的化工产品和生产技术。例如，采用新型催化剂、优化反应条件、开发新型分离技术等都可以降低能耗，减少污染物的产生和排放。

强化环境管理：绿色化工要求企业建立完善的环境管理体系，明确环保责任，加强环境监测和评估。通过定期的环境审计和评估，可以及时发现和解决环境问题，确保企业的生产活动符合环境保护的要求。

促进公众参与：绿色化工强调公众参与和信息公开。企业应积极向公众公开环境信息，接受社会监督。同时，还应加强与公众的沟通与交流，增强公众的环保意识，营造全社会共同参与环境保护的良好氛围。

（三）绿色化工的实践意义

绿色化工的实践对于实现化工产业的可持续发展具有重要意义。首先，绿色化工有助于降低化工生产对环境的污染，保护生态环境。通过减少污染物的排放和提高资源利用效率，绿色化工可以减少对自然资源的破坏和对环境的污染，为生态系统的健康发展提供有力保障。

其次，绿色化工有助于提高化工产业的经济效益。通过技术创新和资源的循环利用，绿色化工可以降低生产成本，提高产品质量和竞争力。同时，绿色化工还可以为企业带来良好的社会声誉，增强企业的市场竞争力。

最后，绿色化工有助于推动化工产业的转型升级。随着全球环境保护意识的提高和环保法规的日益严格，绿色化工已经成为化工产业发展的必然趋势。通过实施绿色化工战略，企业可以抢占市场先机，实现产业结构的优化升级。

（四）总结与展望

绿色化工作为一种新兴的工业模式，其核心理念在于实现化工产业与环境保护的和谐共生。通过遵循减少环境污染、提高资源利用效率、推动技术创新、强化环境管理及促进公众参与等原则，绿色化工旨在推动化工产业的可持续发展。实践表明，绿色化工对于降低环境污染、提高经济效益及推动产业转型升级具有重要意义。未来，随着环保意识的不断增强和环保法规的日益严格，绿色化工将成为化工产业发展的重要方向。

二、绿色催化剂与新型反应工艺

（一）概述

随着全球环境保护意识的日益加强，绿色化工成为化学工业发展的重要方向。绿色催化剂作为绿色化工的核心组成部分，其在促进化学反应的同时，能够降低能源消耗、减少废物产生和环境污染，因此受到了广泛关注。同时，新型反应工艺的开发和应用，也为绿色化工的发展提供了有力支持。

（二）绿色催化剂的概念与特点

绿色催化剂是指在化学反应中，具有高催化活性、高选择性、长寿命且对环境友好的催化剂。与传统催化剂相比，绿色催化剂更加注重环保和可持续发展，其特点主要体现在以下几个方面：

高催化活性：绿色催化剂能够在较低的温度和压力下，有效促进化学反应的进行，从而提高反应速率和产率。

高选择性：绿色催化剂能够精准地控制反应路径，减少副产物的生成，提高产物的纯度和质量。

长寿命：绿色催化剂在多次使用后，仍能保持良好的催化活性，减少催化剂的更换频率，降低生产成本。

对环境友好：绿色催化剂在制备、使用和处理过程中，对环境的污染较小，符合绿色化学的原则。

（三）绿色催化剂的种类及应用

绿色催化剂的种类繁多，根据其化学性质和应用领域，可分为以下几类：

金属催化剂：金属催化剂在有机合成、石油化工等领域被广泛应用。其中，贵金属催化剂（如铂、钯等）具有较高的催化活性，但价格昂贵；非贵金属催化剂（如铜、铁等）价格较低，但催化活性稍逊于贵金属催化剂。

酶催化剂：酶催化剂是一种生物催化剂，具有高度的专一性和催化活性。酶催化剂在生物化工、制药等领域被广泛应用，能够实现温和条件下的高效转化。

分子筛催化剂：分子筛催化剂具有较高的比表面积和孔结构，适用于大分子化合物的催化反应。分子筛催化剂在石油化工、精细化工等领域被广泛应用。

（四）新型反应工艺的开发与应用

新型反应工艺是指通过改进传统反应工艺，实现化学反应的高效、绿色和可持续发展。新型反应工艺的开发和应用，对于提高产品质量、降低能耗和减少环境污染具有重要意义。

微波辅助反应工艺：微波辅助反应工艺利用微波对反应物进行加热，具有快速、均匀、节能等优点。该工艺在有机合成、制药等领域被广泛应用，能够实现高效、绿色的化学反应。

超临界流体反应工艺：超临界流体反应工艺利用超临界流体的特殊性质，如高扩散系数、低黏度等，实现化学反应的高效进行。该工艺在石油化工、精细化工等领域被广泛应用，能够提高产物的纯度和质量，同时降低能耗和减少环境污染。

光催化反应工艺：光催化反应工艺利用光催化剂在光照条件下产生的活性物质来实现化学反应的进行。该工艺在环保、能源等领域被广泛应用，如光催化降解有机物、光催化制氢等，具有绿色、环保的特点。

（五）绿色催化剂与新型反应工艺的结合

将绿色催化剂与新型反应工艺相结合，可以进一步提高化学反应的效率和绿色程度。例如，将光催化反应工艺与光催化剂相结合，可以实现太阳能的有效利用和有机物的绿色降解；将微波辅助反应工艺与金属催化剂相结合，可以实现有机合成的高效、绿色进行。

（六）总结与展望

绿色催化剂与新型反应工艺的开发和应用对于推动绿色化学和绿色化工的发展具有重要意义。未来，随着科学技术的不断进步和环保意识的日益加强，绿色催化剂和新型反应工艺将在更多领域得到应用和推广，为实现可持续发展和环境保护作出更大贡献。

三、生物技术在化工生产中的应用

（一）概述

随着科技的飞速发展，生物技术作为 21 世纪的前沿技术之一，正逐渐渗透各个领域，特别是在化工生产中的应用，展现巨大的潜力和价值。生物技术利用生物体及其组分的催化功能，实现化学品的绿色合成，减少环境污染，提高生产效率。本部分将探讨生物技术在化工生产中的应用并分析其优势和挑战。

（二）生物技术在化工生产中的应用概述

生物技术在化工生产中的应用主要体现在以下几个方面：

生物催化剂：利用酶或微生物作为催化剂，替代传统的化学催化剂，实现高效、环保的化学反应。

生物转化：利用微生物或细胞培养技术，将廉价或废弃的原料转化为高价值的化学品。

生物材料：利用生物体或其产物合成新型生物材料，如生物塑料、生物纤维等。

（三）生物催化剂在化工生产中的应用

生物催化剂，尤其是酶，具有高度的专一性和催化活性，能够在温和的条件下实现高效的化学反应。与传统的化学催化剂相比，生物催化剂具有环保、节能、选择性高等优点。在化工生产中，生物催化剂被广泛应用于酯化、水解、氧化等反应中，如生物柴油的生产、手性化合物的合成等。

（四）生物转化在化工生产中的应用

生物转化利用微生物或细胞培养技术，将废弃或廉价的原料转化为高价值的化学品。例如，利用微生物发酵技术，可以将生物质转化为乙醇、乳酸等有机酸，进一步用于合成塑料、燃料等化学品。此外，生物转化还可以用于生产天然产物、药物中间体等。

（五）生物材料在化工生产中的应用

随着环保意识的增强，生物材料作为一种可再生、可降解的新型材料，受到了广泛关注。生物塑料、生物纤维等生物材料在化工生产中的应用逐渐增多。这些材料不仅具有良好的性能，而且可以在自然环境中快速降解，减少环境污染。

（六）生物技术在化工生产中的优势与挑战

生物技术在化工生产中的优势主要体现在以下几个方面：

环保性：生物技术可以利用可再生资源，减少化石能源的使用，降低碳排放，符合可持续发展的要求。

高效性：生物催化剂和生物转化技术可以在温和的条件下实现高效的化学反应，提高生产效率。

选择性：生物催化剂和微生物转化具有较高的选择性，可以合成具有特定结构和功能的化学品。

然而，生物技术在化工生产中也面临一些挑战：

技术成熟度：部分生物技术仍处于研究和开发阶段，尚未实现工业化应用。

成本问题：生物催化剂和生物材料的生产成本较高，限制了其广泛应用。

法规政策：生物技术涉及伦理、安全等方面的问题，需要建立完善的法规政策体系进行规范。

（七）未来展望

随着科技的不断进步和环保意识的日益加强，生物技术在化工生产中的应用前景广阔。未来，生物技术将在以下几个方面取得突破：

新型生物催化剂和微生物菌种的开发：通过基因工程、蛋白质工程等手段，开发具有更高催化活性和选择性的新型生物催化剂和微生物菌种，提高化工生产的效率和环保性能。

生物转化技术的优化和创新：深入研究生物转化机理，优化转化过程，提高原料利用率和产物纯度，降低生产成本。

生物材料的研发和应用：开发具有优异性能的生物材料，如生物塑料、生物纤维等，替代传统的石油基材料，降低环境污染。

生物技术与信息技术的融合：利用大数据、人工智能等信息技术手段，实现生物技术的智能化、精准化控制，提高生产效率和管理水平。

（八）总结

生物技术在化工生产中的应用具有巨大的潜力和价值，是推动化工产业绿色、可持续发展的关键技术之一。尽管目前生物技术还面临一些挑战，但随着科技的不断进步和环保意识的日益加强，相信生物技术在未来化工生产中的应用将会更加广泛和深入。

四、循环经济与资源综合利用

（一）概述

随着经济的快速发展和人口规模的不断扩大，资源消耗和环境压力日益加剧。在这种背景下，循环经济和资源综合利用成为全球共同关注的焦点。循环经济强调资源的循环利用和高效利用，旨在实现经济、社会和环境的协调发展。资源综合利用则是对各种资源进行全面、合理、高效地利用，以提高资源利用效率，减少资源浪费。本书将对循环经济与资源综合利用进行深入探讨，分析其内涵与意义，以及实施策略。

（二）循环经济的内涵与意义

循环经济是一种新型的经济发展模式，它以资源节约和循环利用为核心，通过技术创新、制度创新和管理创新等手段，实现资源的最大化利用和对环境的影响最小化。循环经济的核心思想是"减量化、再利用、资源化"，即在生产和消费过程中，尽量减少资源的消耗和废弃物的产生，提高资源的利用效率和废弃物的回收利用率，实现经济活动的可持续发展。

循环经济的意义如下。

促进可持续发展：循环经济通过资源的循环利用和高效利用，减少了对自然资源的依赖，降低了环境压力，为可持续发展提供了有力支撑。

提高经济效益：循环经济通过技术创新和制度创新，提高了资源利用效率，降低了生产成本，增强了企业的竞争力。

推动社会进步：循环经济的发展需要全社会的共同参与和努力，它有助于培养人们的环保意识和节约意识，推动社会文明进步。

（三）资源综合利用的内涵与意义

资源综合利用是指对各种资源进行全面、合理、高效的利用，包括能源、水资源、土地资源、矿产资源等。资源综合利用旨在提高资源利用效率，减少资源浪费，实现经济、社会和环境的协调发展。

资源综合利用的意义如下。

提高资源利用效率：通过对各种资源的全面、合理、高效利用，可以减少资源的浪费和损耗，提高资源利用效率。

促进经济发展：资源综合利用有助于推动产业结构的优化升级，提高产品的附加值和市场竞争力，促进经济健康发展。

保护生态环境：资源综合利用可以减少对自然资源的过度开采和破坏，降低环境污染和生态破坏的风险，保护生态环境。

（四）循环经济与资源综合利用的实施策略

为实现循环经济与资源综合利用的目标，需要采取以下策略：

加强制度建设：制定和完善相关法律法规和政策措施，明确资源利用和环境保护的责任和义务，为循环经济与资源综合利用提供制度保障。

推动技术创新：加大科技研发投入，推动循环经济与资源综合利用领域的技术创新和成果转化，提高资源利用效率和废弃物回收利用率。

强化企业主体责任：鼓励企业积极采用循环经济与资源综合利用的技术和管理模式，加强企业内部管理，提高资源利用效率和环保水平。

加强社会监督：建立健全社会监督机制，鼓励公众参与循环经济与资源综合利用的监督和管理，形成全社会共同参与的良好氛围。

加强国际合作与交流：积极参与国际合作与交流，学习借鉴国际先进经验和技术，推动循环经济与资源综合利用的国际合作与发展。

（五）总结

循环经济与资源综合利用是实现可持续发展、保护生态环境、提高经济效益和社会效益的重要途径。通过加强制度建设、推动技术创新、强化企业主体责任、加强社会监督和加强国际合作与交流等策略的实施，可以推动循环经济与资源综合利用的深入发展，为实现经济、社会和环境的协调发展作出积极贡献。

第二节　绿色化工技术的创新与发展

一、化工企业的社会责任与可持续发展战略

（一）概述

随着全球经济的持续发展和工业化进程的加速，化工企业在推动社会进步和经济增长的同时，也面临着日益严峻的环境和社会挑战。在这一背景下，化工企业的社会责任和可持续发展战略显得尤为重要。它们不仅关系企业的长远发展和竞争力，更与全球环境保护、社会和谐及经济可持续发展息息相关。

（二）化工企业的社会责任

环境保护：化工企业作为高污染、高能耗的行业，必须承担起减少排放、节约资源、保护环境的责任。通过采用先进的清洁生产技术和循环经济模式，减少废物产生，提高资源利用效率，实现"绿色化工"。

安全生产：化工产品的生产和使用涉及公众的生命财产安全。化工企业应严格遵守安全生产法规，加强员工培训，提高安全生产水平，确保生产过程的安全稳定。

社区参与和合作：化工企业应积极参与社区建设，为当地居民提供就业机会，改善生活条件，加强与地方政府的沟通和合作，共同推动区域经济发展。

公正经营和诚信守法：企业应坚持公正经营，反对不正当竞争，维护市场秩序；同时，要严格遵守国家法律法规，诚信纳税，保护消费者权益。

（三）可持续发展战略

创新驱动发展：化工企业应加大科技创新投入，推动产品升级换代，提高产品附加值和竞争力。通过技术创新，降低生产成本，减少环境污染，实现可持续发展。

资源节约和循环利用：企业应建立资源节约和循环利用体系，提高资源利用效率，减少资源消耗。通过循环利用废弃物，实现资源的最大化利用，降低生产成本，减少环境污染。

绿色供应链管理：化工企业应建立绿色供应链管理体系，确保原材料采购、生产、销售等各个环节都符合环保要求。通过优化供应链管理，降低环境污染风险，提高企业的环保形象和市场竞争力。

可持续发展报告：企业应定期发布可持续发展报告，向公众展示其在环境保护、社会责任等方面的成果和进展。通过公开透明的方式，增强企业的社会责任感和公信力。

（四）挑战与对策

尽管越来越多的化工企业开始重视社会责任和可持续发展战略，但在实施过程中仍面临诸多挑战。例如，技术更新换代的成本较高、市场需求变化莫测、政策法规调整频繁等。为应对这些挑战，化工企业需采取以下对策：

加强技术研发和人才培养：企业应加大在技术研发和人才培养方面的投入，提高自主创新能力，培养高素质的人才队伍，为可持续发展提供技术支撑和人才保障。

密切关注市场动态和政策法规变化：企业应密切关注市场动态和政策法规变化，及时调整经营策略和生产计划，以适应外部环境的变化。

加强与上下游企业的合作与沟通：化工企业应加强与上下游企业的合作与沟通，共同构建绿色供应链体系，实现资源共享和优势互补。

提高公众认知度和参与度：企业应通过多种形式加强与公众的沟通和交流，提高公众对化工企业社会责任和可持续发展战略的认知度和参与度，营造良好的社会氛围。

（五）总结

化工企业的社会责任与可持续发展战略是企业实现长远发展和竞争力提升的关键所在。通过承担环境保护、安全生产等社会责任，实施创新驱动发展、资源节约和循环利用等可持续发展战略，化工企业可以为全球环境保护、社会和谐以及经济可持续发展作出积极贡献。同时，企业也需要在应对挑战中不断探索和实践，不断完善自身的社会责任和可持续发展战略体系，为实现全球可持续发展目标贡献力量。

二、绿色化工技术的创新与研发

（一）概述

随着全球环境保护意识的日益增强，绿色化工技术的创新与研发已成为化工行业转型升级的重要方向。绿色化工技术不仅有助于减少化工生产过程中的环境污染，提高资源利用效率，还能为企业带来经济效益和社会效益的双重提升。因此，加强绿色化工技术的创新与研发，对于推动化工行业可持续发展具有重要意义。

（二）绿色化工技术的内涵与特点

绿色化工技术是指在化工生产过程中，采用环保、节能、高效的生产技术和设备，减少废弃物排放，提高资源利用效率，实现化工生产与环境和谐共生的技术。其特点主要包括：

环保性：绿色化工技术注重减少生产过程中的污染物排放，降低对环境的负面影响。

节能性：通过优化生产工艺和设备，降低能耗，提高能源利用效率。

高效性：采用先进的催化剂、反应器等设备，提高化学反应的速率和选择性，减少副产物的生成。

循环性：实现废弃物的循环利用，提高资源利用价值。

（三）绿色化工技术创新与研发的重要性

推动化工行业转型升级：绿色化工技术的创新与研发有助于化工行业从传统的高污染、高能耗模式向环保、高效、可持续的模式转变。

提升企业竞争力：采用绿色化工技术可以降低生产成本，提高产品质量，增强企业的市场竞争力。

促进可持续发展：绿色化工技术的广泛应用有助于减少环境污染，保护生态环境，实现经济、社会、环境的协调发展。

（四）绿色化工技术创新与研发的方向

催化剂的研发：高效、环保的催化剂是绿色化工技术的关键。研发具有高活性、高选择性、长寿命的催化剂，对于提高化工生产效率和减少环境污染具有重要意义。

反应器的优化：反应器是化工生产过程中的核心设备。通过优化反应器的结构和操作条件，可以提高化学反应的速率和选择性，减少副产物的生成，从而提高资源利用效率。

绿色溶剂的开发：传统化工生产中使用的溶剂往往具有较强的毒性和挥发性，容易造成环境污染。因此，研发环保、低毒、可循环使用的绿色溶剂是绿色化工技术的重要方向。

废弃物的循环利用：通过废弃物的分类、回收和处理，实现废弃物的循环利用，不仅可以减少环境污染，还可以提高资源利用价值。因此，研发高效的废弃物循环利用技术也是绿色化工技术的重要方向。

数字化与智能化技术的应用：随着信息技术的发展，数字化和智能化技术在化工生产中的应用越来越广泛。通过引入数字化和智能化技术，可以实现对化工生产过程的实时监控和优化控制，提高生产效率和资源利用效率。

（五）绿色化工技术创新与研发的挑战和对策

尽管绿色化工技术的创新与研发具有重要意义，但在实际过程中仍面临诸多挑战。例如，技术研发成本高、市场接受度低、政策支持不足等。为应对这些挑战，需要采取以下对策：

加大政策扶持力度：政府应加大对绿色化工技术创新与研发的扶持力度，提供资金支持、税收优惠等政策措施，鼓励企业加大投入。

加强产学研合作：企业应加强与高等学校、科研机构的合作，共同开展绿色化工技术的研发和推广，实现资源共享和技术互补。

提高市场认知度：通过宣传和教育，提高公众对绿色化工技术的认知度和接受度，推动绿色化工技术的广泛应用。

培养专业人才：加强绿色化工技术相关专业人才的培养和引进，为绿色化工技术的创新与研发提供人才保障。

（六）总结

绿色化工技术的创新与研发是推动化工行业可持续发展的重要途径。通过不断研发和应用高效、环保、节能的绿色化工技术，可以实现化工生产与环境和谐共生，促进经济社会的可持续发展。同时，政府、企业和科研机构应共同努力，加大投入和支持力度，推动绿色化工技术的不断创新和发展。

三、绿色化工项目的评估与推广

（一）概述

随着全球环境保护意识的增强和可持续发展目标的提出，绿色化工项目的评估与推广在化工行业中的地位日益凸显。绿色化工项目旨在通过采用环保技术和管理措施，减少化工生产过程中的环境污染，提高资源利用效率，实现经济效益与环境效益的双赢。因此，对绿色化工项目进行全面、科学地评估，并推广成功的绿色化工项目，对于推动化工行业向绿色、低碳、循环方向发展具有重要意义。

（二）绿色化工项目的评估

绿色化工项目的评估是对项目在环保、经济、社会等方面的综合效益进行分析和预测的过程。评估的目的在于确保项目的可行性和可持续性，为项目的决策提供科学依据。评估过程中需要关注以下几个方面：

环保评估：评估项目在环境保护方面的表现，包括污染物的排放量、资源消耗情况、废弃物的处理与利用等。通过与相关环保标准进行对比，判断项目是否符合环保要求。

经济评估：评估项目的经济效益，包括投资成本、收益预期、市场竞争力等。通过经济分析，判断项目的盈利能力和风险水平。

社会评估：评估项目对社会的影响，包括就业、社区关系、安全等方面。通过社会评估，判断项目是否符合社会公共利益。

技术评估：评估项目所采用的技术是否先进、成熟、可靠，以及是否有利于实现绿色化工的目标。

评估过程中需要采用科学的方法论和工具，如生命周期评价、环境影响评价、风险评估等，确保评估结果的客观性和准确性。

（三）绿色化工项目的推广

绿色化工项目的推广是将成功的项目经验和技术应用到更广泛的领域，推动整个化工行业向绿色、低碳、循环方向发展。推广过程中需要注意以下几个方面：

政策引导：政府应制定和完善相关政策和法规，为绿色化工项目的推广提供政策支持和法律保障。通过税收优惠、资金扶持等措施，鼓励企业积极参与绿色化工项目的推广。

宣传推广：通过各种渠道和方式，宣传绿色化工项目的优势和成果，提高公众对绿色化工的认识和接受度。同时，加强与国际组织、行业协会等的交流合作，推动绿色化工技术的国际传播。

示范引领：选择一批具有代表性的绿色化工项目作为示范工程，通过示范引领作用，推动其他企业积极参与绿色化工项目的推广。

技术转移与培训：加强绿色化工技术的转移和培训工作，将成功的技术和管理经验推广到更多企业和地区。通过技术转移和培训，提高企业的绿色化工技术水平和管理能力。

（四）绿色化工项目推广的挑战与对策

在绿色化工项目的推广过程中，可能会面临一些挑战，如技术瓶颈、资金短缺、市场接受度低等。为应对这些挑战，需要采取以下对策：

加强技术研发与创新：持续投入研发资金，加强绿色化工技术的创新，突破技术瓶颈，提高技术的成熟度和可靠性。

拓宽融资渠道：通过政府引导、社会资本等多渠道筹集资金，为绿色化工项目的推广提供资金支持。

提高市场认知度：加强绿色化工项目的宣传和推广工作，提高公众和市场对绿色化工项目的认知度和接受度。

建立合作机制：加强政府、企业、科研机构之间的合作与交流，建立绿色化工项目推广的合作机制，共同推动绿色化工项目的发展。

（五）总结

绿色化工项目的评估与推广是实现化工行业绿色、低碳、循环发展的重要手段。通过全面、科学地评估，确保项目的可行性和可持续性；通过政策引导、宣传推广、示范引领和技术转移等措施，推动绿色化工项目的广泛应用。同时，需要不断克服挑战，加强技术研发与创新，拓宽融资渠道，提高市场认知度，建立合作机制，为绿色化工项目的推广提供有力支持。

四、绿色化工与可持续发展的政策导向和支持措施

（一）概述

随着全球环境问题日益严峻，绿色化工与可持续发展已成为各国政府和企业共同关注的焦点。为了推动绿色化工的发展，实现经济、社会和环境的协调发展，政府需要制定和实施一系列政策导向和支持措施。这些措施旨在激励和引导企业采用绿色化工技术，促进资源节约和环境保护，从而实现可持续发展的目标。

（二）政策导向

政府在绿色化工与可持续发展方面的政策导向主要包括以下几个方面：

战略规划与目标设定：政府应制定明确的绿色化工发展战略和目标，并将其纳入国家整体规划。通过设定具体、可衡量的指标，引导企业和社会各界共同参与绿色化

工建设。

法律法规制定：加强相关法律法规的制定和执行，确保企业在生产过程中遵守环保法规，减少污染排放，保护生态环境。同时，建立严格的监管机制，对违法违规行为进行处罚。

财政税收激励：通过财政补贴、税收减免等激励措施，鼓励企业投资绿色化工项目和技术研发。降低绿色化工产品的生产成本，提高市场竞争力。

市场机制建设：建立和完善绿色化工产品的市场机制，推动绿色化工产品的市场推广和应用。通过政府采购、绿色认证等手段，引导消费者购买和使用绿色化工产品。

国际合作与交流：加强与国际组织、其他国家和地区的合作与交流，共同推动绿色化工技术的发展和应用。通过技术引进、人才培养等方式，提升我国绿色化工产业的国际竞争力。

（三）支持措施

政府在绿色化工与可持续发展方面的支持措施主要包括以下几个方面：

资金扶持：设立专项资金，支持绿色化工项目的建设和技术研发。通过贷款优惠、担保等方式，为企业提供融资支持。

技术研发与推广：加大对绿色化工技术研发的投入，支持企业、高等学校和科研机构开展合作研究。同时，加强技术成果的转化和推广，促进绿色化工技术的广泛应用。

人才培养与引进：加强绿色化工领域的人才培养和引进工作，为绿色化工产业的发展提供人才保障。通过设立奖学金、举办培训班等方式，培养一批高素质的绿色化工人才。

基础设施建设：加强绿色化工基础设施建设，如环保设施、废弃物处理设施等。提高绿色化工产业的生产效率和环保水平，为可持续发展奠定基础。

信息服务与宣传：建立健全绿色化工信息服务平台，为企业提供政策咨询、市场动态等信息服务。同时，加强绿色化工的宣传和普及工作，提高公众对绿色化工的认知度和接受度。

（四）政策导向与支持措施的实施和挑战

在实施政策导向与支持措施的过程中，可能会面临一些挑战和困难。例如，政策执行力度不够、资金支持不足、技术研发风险大、人才培养滞后等。为了克服这些挑战，政府需要采取以下措施：

加强政策执行和监督：确保政策的有效执行和监管，及时发现和纠正政策执行过程中的问题。同时，加强政策评估和反馈机制建设，不断完善政策体系。

拓宽资金来源和渠道：积极引导和鼓励社会资本参与绿色化工项目的建设和技术研发。通过多元化的资金来源和渠道，为绿色化工产业提供稳定的资金支持。

降低技术研发风险：加大对绿色化工技术研发的风险评估和管理力度，降低技术研发的风险和不确定性。同时，加强技术成果的评估和转化机制，提高技术成果的转化率和应用效果。

加强人才培养和引进：建立健全绿色化工人才培养和引进机制，为绿色化工产业提供充足的人才保障。通过优化人才结构、提高人才素质等方式，推动绿色化工产业的持续发展。

（五）总结

绿色化工与可持续发展的政策导向与支持措施是推动绿色化工产业发展的重要保障。政府需要制定明确的政策导向和目标，并采取一系列具体的支持措施，如资金扶持、技术研发与推广、人才培养与引进等。同时，政府还需要关注政策实施过程中的挑战和困难，并采取有效措施加以应对和解决。只有这样，才能推动绿色化工产业的持续健康发展，实现经济、社会和环境的协调发展目标。

五、绿色化工与可持续发展的国际合作与交流

（一）概述

在全球化的今天，国际合作与交流在推动绿色化工与可持续发展方面发挥着越来越重要的作用。各国政府、企业、科研机构和民间组织都在寻求合作机会，共同应对环境问题，促进经济发展与环境保护的和谐共生。通过国际合作与交流，可以共享资源、技术和管理经验，加速绿色化工技术的创新与应用，为全球可持续发展贡献力量。

（二）国际合作与交流的重要性

国际合作与交流在绿色化工与可持续发展领域的重要性主要体现在以下几个方面：

资源共享：通过国际合作，各国可以共享资源，包括资金、技术、人才等。这有助于缓解资源短缺问题，促进绿色化工项目的顺利实施。

技术创新：国际合作可以加速绿色化工技术的创新。各国在技术研发方面各有所长，通过交流与合作，可以整合优势资源，推动技术突破，提高绿色化工技术的竞争力和普及率。

经验借鉴：国际合作与交流为各国提供了学习借鉴先进经验的机会。通过分享成功案例、交流经验教训，各国可以少走弯路，提高绿色化工项目的实施效果。

市场拓展：国际合作有助于拓展绿色化工产品的市场。各国之间的贸易往来和投资合作，可以促进绿色化工产品的跨国销售，提高产品的国际竞争力。

（三）国际合作与交流的主要内容

绿色化工与可持续发展的国际合作与交流主要涵盖以下几个方面：

政策对话：各国政府应加强政策对话，共同制定和完善绿色化工与可持续发展的国际政策框架。通过政策协调，推动全球绿色化工产业的健康发展。

技术研发与合作：各国应加强在绿色化工技术研发方面的合作，共同推动技术创新和成果转化。通过联合研发、技术共享等方式，提高绿色化工技术的水平和应用效果。

人才培养与交流：各国应加强绿色化工领域的人才培养与交流工作。通过设立奖学金、举办培训班、开展学术交流等方式，培养一批高素质的绿色化工人才，为国际合作提供人才保障。

资金合作与投资：各国应加强在绿色化工项目资金方面的合作与投资。通过设立联合基金、提供融资支持等方式，为绿色化工项目的实施提供稳定的资金来源。

项目合作与推广：各国应加强在绿色化工项目方面的合作与推广。通过联合实施项目、分享成功经验等方式，推动绿色化工技术的广泛应用和可持续发展目标的实现。

（四）国际合作与交流的挑战和应对策略

在国际合作与交流的过程中，可能会面临一些挑战和困难，如政治经济差异、技术壁垒、文化差异等。为了应对这些挑战，需要采取以下策略：

加强政策沟通与协调：各国政府应加强政策沟通与协调，消除政治经济差异带来的障碍。通过政策对话和协商，共同制订国际合作框架和行动计划。

推动技术标准的统一与互认：各国应加强在技术标准方面的合作与协调，推动技术标准的统一与互认。这有助于降低技术壁垒，促进绿色化工技术的跨国传播和应用。

加强文化交流与理解：各国应加强文化交流与理解，尊重彼此的文化差异。通过文化交流活动、学术研讨等方式，增进相互了解和信任，为国际合作营造良好的文化氛围。

建立多边合作机制：各国应积极参与多边合作机制，如国际组织、区域合作组织等。通过多边合作平台，加强与其他国家的合作与交流，共同推动绿色化工与可持续发展的全球进程。

（五）总结

绿色化工与可持续发展的国际合作与交流是推动全球可持续发展的重要途径。通过政策对话、技术研发与合作、人才培养与交流、资金合作与投资以及项目合作与推广等方式，各国可以共享资源、技术和管理经验，加速绿色化工技术的创新与应用。同时，也需要关注国际合作与交流过程中的挑战和困难，并采取相应策略加以应对和解决。只有通过加强国际合作与交流，才能实现绿色化工与可持续发展的全球目标，为人类的未来创造更加美好的生活环境。

第三节　绿色化工的可持续发展之路

一、绿色化工与可持续发展的案例分析和经验总结

（一）概述

随着全球环境保护意识的提高，绿色化工与可持续发展的重要性日益凸显。为了深入理解绿色化工在实际操作中的效果与影响，本节将详细分析几个绿色化工领域的成功案例，并从中提炼宝贵的经验。这些案例不仅展示了绿色化工技术在环境保护和经济效益方面的双重优势，还为我们提供了在推进绿色化工与可持续发展过程中的有益参考。

（二）案例分析

案例一：某化工厂实施绿色生产改进

某大型化工厂面临严重的环境污染问题，特别是废水排放对周边环境造成了严重影响。为了改变这一状况，该化工厂决定实施绿色生产改进。首先，企业引入了先进的废水处理设备，确保废水在排放前达到环保标准。其次，企业优化了生产工艺，减少了有毒有害物质的使用量，同时提高了资源利用效率。经过改进，该化工厂不仅降低了环境污染，还降低了生产成本，实现了经济效益与环境保护的双赢。

案例二：某区域构建绿色化工产业链

为了推动区域经济的绿色转型，某地区政府决定构建绿色化工产业链。通过招商引资，该地区引入了一批具有先进绿色技术的化工企业。同时，政府还投资建设了废弃物处理中心，实现了区域内废弃物的集中处理和资源化利用。此外，政府还鼓励企业之间进行技术创新合作，共同推动绿色化工技术的研发与应用。这一举措不仅促进了区域经济的绿色发展，还提高了整条产业链的环保水平和竞争力。

案例三：某跨国公司推广绿色化工产品

一家全球知名的跨国公司为了响应全球可持续发展倡议，决定大力推广绿色化工产品。公司加大了在绿色技术研发方面的投入，推出了一系列具有竞争力的绿色化工产品。同时，企业还积极与各国政府、非政府组织等合作，共同推广绿色化工理念。通过不懈努力，该公司的产品在全球市场上获得了广泛的认可和支持，为绿色化工产业的发展作出了积极贡献。

（三）经验总结

从上述案例中，我们可以总结以下几点宝贵经验：

技术创新是绿色化工发展的核心驱动力。无论是化工厂的绿色生产改进，还是绿色化工产业链的构建，都离不开先进技术的支持。因此，我们应持续加强绿色化工技术的研发与创新，推动技术成果的转化和应用。

政府引导与市场机制相结合是推进绿色化工发展的关键。在案例中，政府通过制定政策、提供资金支持等方式引导企业参与绿色化工发展；同时，市场机制也发挥了重要作用，推动企业提高资源利用效率、降低生产成本。因此，我们应充分发挥政府和市场在推动绿色化工发展中的协同作用。

强化环境监管是确保绿色化工可持续发展的重要保障。案例中，无论是化工厂实施绿色生产改进，还是构建绿色化工产业链，都强调了环境监管的重要性。因此，我们应加大对化工企业的环境监管力度，确保企业落实环保责任，实现经济效益与环境保护的协调发展。

加强国际合作与交流是提升绿色化工发展水平的重要途径。案例中，跨国公司通过与国际组织、各国政府等合作，共同推广绿色化工理念和技术。这为我们提供了启示：加强国际合作与交流可以借鉴先进经验、共享资源、拓展市场，从而推动绿色化工产业的全球发展。

（四）总结

通过对绿色化工与可持续发展的案例分析与经验总结，我们可以看到绿色化工在推动环境保护和经济发展方面的重要作用。未来，我们应继续深化绿色化工技术的研发与创新，加强政府引导与市场机制的协同作用，强化环境监管，并积极参与国际合作与交流。通过这些措施的实施，我们将能够推动绿色化工与可持续发展的深度融合，为全球环境保护和经济发展作出更大的贡献。

二、绿色化工与可持续发展的未来趋势和挑战

（一）概述

随着全球环境问题日益严重，绿色化工与可持续发展已成为全球关注的焦点。作为推动化工行业转型升级的关键力量，绿色化工在未来的发展中将面临一系列趋势与挑战。本节将深入分析绿色化工与可持续发展的未来趋势，探讨面临的挑战，并提出相应的应对策略，以期为绿色化工行业的未来发展提供有益的参考。

（二）未来趋势

1. 技术创新驱动发展

未来，技术创新将是绿色化工发展的核心驱动力。随着科学技术的不断进步，绿色化工技术将不断突破传统技术的限制，实现更高效、更环保的生产过程。例如，新型催化剂、反应器和分离技术的研发与应用，将进一步提高资源利用效率，减少废弃

物的产生。

2. 循环经济成为主流

循环经济作为一种以资源高效利用和循环利用为核心的发展模式,将在未来绿色化工发展中占据重要地位。通过构建循环经济体系,实现废弃物的减量化、资源化和无害化处理,将有效降低化工生产对环境的负面影响。

3. 政策与市场双重驱动

政府对绿色化工的支持力度将持续加大,通过制定更加严格的环保政策、提供财政补贴和税收优惠等措施,推动绿色化工产业的发展。同时,市场对绿色化工产品的需求也将不断增长。这将为绿色化工产业的发展提供强大的市场动力。

4. 国际合作与交流不断深化

面对全球性的环境问题,各国在绿色化工领域的合作与交流将不断深化。通过共享资源、技术和管理经验,共同应对环境问题,推动绿色化工技术的创新与应用,为全球可持续发展贡献力量。

(三) 面临的挑战

1. 技术瓶颈与创新不足

尽管绿色化工技术已取得一定进展,但仍存在许多技术瓶颈和创新不足的问题。例如,某些关键技术的研发和应用仍处于初级阶段,难以满足大规模生产的需求。此外,创新体系的不完善也制约了绿色化工技术的进一步发展。

2. 环境监管与成本压力

随着环保要求的不断提高,化工企业面临的环境监管压力日益加大。企业需要投入大量资金用于环境治理和废弃物处理。这无疑增加了企业的运营成本。如何在保证环保的前提下降低生产成本,是绿色化工企业需要面临的重要挑战。

3. 市场认知与接受度

尽管绿色化工产品的环保优势日益凸显,但受传统消费观念的影响,市场对绿色化工产品的认知度和接受度仍有待提高。此外,绿色化工产品的价格往往高于传统化工产品,这也限制了其在市场上的推广和应用。

4. 政策与法规的不确定性

政策与法规的不确定性给绿色化工产业的发展带来了一定的风险。政策的变化可能导致企业投资方向的调整和市场需求的波动,从而影响企业的稳定发展。因此,政府在制定政策时应充分考虑产业的实际情况和需求,确保政策的连续性和稳定性。

(四) 应对策略

1. 加强技术创新与研发投入

为解决技术瓶颈和创新不足的问题,企业应加大在技术创新和研发投入方面的投入。通过加强与高等学校、科研机构的合作,引进先进技术和人才,提高自主创新能力，推动绿色化工技术的突破和应用。

2. 优化生产流程与降低成本

为应对环境监管和成本压力，企业应优化生产流程、提高资源利用效率、降低废弃物产生。同时，通过采用清洁能源、推广循环经济等措施，降低生产成本和环境影响。

3. 加强市场宣传与消费者教育

为提高市场对绿色化工产品的认知度和接受度，企业应加强市场宣传和推广工作。通过举办展览、论坛等活动，提高绿色化工产品的知名度和影响力。同时，加强消费者教育，引导消费者树立绿色消费观念，提高绿色化工产品的市场需求。

4. 关注政策动态与法规变化

为应对政策与法规的不确定性，企业应密切关注政策动态和法规变化。加强与政府部门的沟通与协作，及时了解政策走向和市场需求变化。同时，制定灵活的发展策略，以应对潜在的政策风险和市场波动。

（五）总结

绿色化工与可持续发展是未来化工行业的重要发展方向。在未来的发展中，绿色化工将面临技术创新、循环经济、政策与市场等多重驱动力的推动。然而，同时面临着技术瓶颈、环境监管、市场认知和政策法规等挑战。为应对这些挑战，我们需要加强技术创新与研发投入、优化生产流程与降低成本、加强市场宣传与消费者教育以及关注政策动态与法规变化。通过这些措施的实施，我们将能够推动绿色化工与可持续发展的深度融合，为全球环境保护和经济发展作出更大的贡献。

三、绿色化工与可持续发展的教育和培训

（一）概述

随着全球环境问题的日益严重，绿色化工与可持续发展已成为化工行业的重要发展方向。为了实现这一目标，加强绿色化工与可持续发展的教育与培训至关重要。通过教育和培训，可以培养具备绿色化工理念和技术的人才，推动绿色化工技术的创新与应用，为化工行业的可持续发展提供有力支持。本节将详细探讨绿色化工与可持续发展的教育与培训的重要性、现状、面临的挑战及应对策略，以期为相关领域的教育与实践提供参考。

（二）绿色化工与可持续发展的教育和培训重要性

培养专业人才：绿色化工与可持续发展的教育与培训可以培养具备绿色理念、环保意识和创新能力的专业人才。这些人才将具备扎实的化学工程基础，熟悉绿色化工技术和可持续发展理念，能够为绿色化工产业的发展提供有力支持。

推动技术创新：教育和培训能够激发创新思维，推动绿色化工技术的研发与应用。通过培养具备创新能力的专业人才，可以加速绿色化工技术的研发进程，提高技术的成熟度和应用效果。

提高行业认知：加强绿色化工与可持续发展的教育与培训，可以提高整个社会对绿色化工产业的认知度和接受度。这将推动绿色化工产业的发展，提高其在国民经济中的地位和作用。

（三）绿色化工与可持续发展的教育和培训现状

目前，绿色化工与可持续发展的教育与培训已经取得了一定的进展。许多高等学校和培训机构开设了绿色化工相关课程，培养了一批具备绿色化工理念和技术的人才。同时，一些企业也积极开展内部培训，增强员工的环保意识和绿色生产技能。然而，仍存在一些问题和挑战，如教育资源分布不均、培训内容与实际需求脱节等。

（四）绿色化工与可持续发展面临的挑战

教育资源不均：绿色化工与可持续发展的教育与培训资源在不同地区、不同高等学校和培训机构之间存在明显差异。一些地区或机构可能缺乏优秀的师资和实验条件，导致教育质量参差不齐。

培训内容与实际需求脱节：部分教育和培训内容可能过于理论化或落后于实际需求，缺乏针对性和实用性。这可能导致学员在实际工作中难以将所学知识应用到实践中。

缺乏实践机会：绿色化工与可持续发展的教育和培训需要结合实际生产进行实践操作。然而，一些学员可能缺乏实践机会，无法将所学知识转化为实际操作技能。

行业认知度不足：尽管绿色化工与可持续发展的重要性日益凸显，但部分企业和个人可能对其缺乏深入了解，导致教育和培训工作的推广和普及受到一定限制。

（五）应对策略

优化教育资源分配：政府、高等学校和培训机构应共同努力，优化绿色化工与可持续发展的教育资源分配。通过加大投入、改善实验条件、引进优秀教师等措施，提高教育质量，确保各地区和机构的教育资源得到有效利用。

更新培训内容：教育和培训机构应密切关注绿色化工与可持续发展的最新动态和技术进展，及时更新培训内容。同时，加强与企业的沟通与合作，了解实际需求，确保培训内容具有针对性和实用性。

增加实践机会：通过与企业合作建立实践基地、开展实习实训等方式，为学员提供更多实践机会。这有助于学员将所学知识转化为实际操作技能，提高其在实际工作中的应用能力。

提高行业认知度：通过举办讲座、展览、论坛等活动，提高绿色化工与可持续发展的行业认知度。同时，加强与媒体的合作，扩大宣传范围，提高社会对绿色化工产业的关注度和认可度。

（六）总结

绿色化工与可持续发展的教育与培训对于推动绿色化工产业的发展具有重要意义。通过优化教育资源分配、更新培训内容、增加实践机会及提高行业认知度等策略，我们可以克服当前面临的困难，为绿色化工与可持续发展的教育和培训工作提供有力支持。这将有助于培养更多具备绿色理念和创新能力的专业人才，推动绿色化工技术的创新与应用，为化工行业的可持续发展作出积极贡献。

第六章　安全生产教育与培训

第一节　化工企业安全生产教育概述

一、化工安全生产法律法规宣传与教育

（一）概述

化工安全生产法律法规宣传与教育在保障化工行业健康、稳定、可持续发展中扮演着至关重要的角色。它不仅关系企业的经济利益，更与员工的生命安全、环境保护及社会稳定息息相关。因此，加强化工安全生产法律法规的宣传与教育，增强全员的安全意识和法律意识，是化工行业安全管理工作的重中之重。

（二）化工安全生产法律法规的重要性

化工安全生产法律法规是规范化工生产行为、保障生产安全、预防事故发生的重要依据。这些法律法规的制定和实施，旨在明确各级政府、企业、员工等各方在化工安全生产中的责任和义务，确保化工生产过程安全可控。同时，法律法规的宣传与教育也是增强全员安全意识和法律意识的有效途径，有助于营造"人人关注安全、人人参与安全管理"的良好氛围。

（三）化工安全生产法律法规宣传与教育的现状

目前，我国化工安全生产法律法规宣传与教育取得了一定的成效。各级政府和企业普遍重视安全生产法律法规的宣传工作，通过开展培训、讲座、宣传周等形式多样的活动，增强了员工的安全意识和法律意识。然而，仍存在一些问题，如部分企业对法律法规宣传教育的重视程度不够、宣传教育内容单一、缺乏针对性等。这些问题制约了法律法规宣传教育效果的提升。

（四）化工安全生产法律法规宣传与教育的策略

强化组织领导：企业应成立专门的安全生产法律法规宣传教育领导小组，负责制

订宣传教育计划、组织实施和监督评估等工作。同时，要明确各级领导在宣传教育中的职责和任务，确保宣传教育工作的有序开展。

丰富宣传教育内容：针对不同层次、不同岗位的员工，制定具有针对性的宣传教育内容。内容应包括法律法规的基本知识、安全生产的重要性、事故案例分析、安全操作技能等，以增强员工的安全意识和法律意识。

创新宣传教育形式：采用多种形式进行宣传教育，如举办讲座、开展培训、制作宣传栏、制作短视频等，以吸引员工的注意力，提高宣传教育的效果。同时，可以利用现代信息技术手段，如网络平台、移动应用等，拓宽宣传教育的渠道和覆盖面。

加强考核评估：建立健全考核评估机制，对宣传教育工作的实施效果进行定期评估。通过考核评估，可以了解宣传教育工作的不足之处，及时进行调整和改进，确保宣传教育工作取得实效。

（五）化工安全生产法律法规宣传与教育的实践案例

以某化工企业为例，该企业高度重视化工安全生产法律法规的宣传与教育工作。他们成立了专门的宣传教育领导小组，制订了详细的宣传教育计划。通过组织定期的讲座和培训，使员工深入了解安全生产法律法规的基本知识和要求。此外，他们还创新宣传教育形式，制作了生动有趣的短视频和宣传栏，得到了员工的广泛关注。同时，该企业还建立了考核评估机制，对宣传教育工作的实施效果进行定期评估。通过实施这些措施，该企业的员工安全意识和法律意识得到了显著提高，事故发生率也大幅下降。

（六）总结

化工安全生产法律法规宣传与教育对于保障化工行业安全、稳定、可持续发展具有重要意义。我们应充分认识法律法规宣传与教育的重要性，加强组织领导、丰富宣传教育内容、创新宣传教育形式、加强考核评估等措施的实施，不断增强全员的安全意识和法律意识。只有这样，我们才能确保化工生产过程中的安全可控，为化工行业的健康发展贡献力量。

二、安全生产知识与技能培训

（一）概述

安全生产是化工行业的生命线，而安全生产知识与技能培训则是确保这一生命线稳固的关键环节。随着化工行业的快速发展和技术的不断进步，安全生产面临着前所未有的挑战。因此，加强安全生产知识与技能培训，增强员工的安全意识和技能水平，成为化工行业亟待解决的问题。

（二）安全生产知识与技能培训的重要性

增强员工安全意识：通过安全生产知识与技能培训，可以使员工深入了解安全生产的重要性，认识到事故的危害性，从而增强自我保护意识，自觉遵守安全生产规章制度。

预防事故发生：员工掌握了正确的安全生产知识和技能，就能够有效地识别和控制生产过程中的安全隐患，减少事故的发生，保障企业的正常运营。

提升企业安全管理水平：通过培训，企业可以培养一支具备专业知识和技能的安全管理团队，提升企业整体的安全管理水平，为企业的可持续发展提供有力保障。

（三）安全生产知识与技能培训的内容

安全生产法律法规：培训员工了解和掌握国家及地方有关安全生产的法律法规，明确企业和员工在安全生产中的责任和义务。

安全生产基础知识：涵盖化工生产过程中的安全基础知识，如化学品的性质、危害及预防措施，以及安全设施的使用和维护等。

事故应急处理：培训员工掌握事故应急处理的基本方法和程序，提高应对突发事件的能力。

安全操作技能：针对化工生产岗位的特点，培训员工掌握正确的安全操作技能，减少操作失误导致的安全事故。

（四）安全生产知识与技能培训的方法和途径

理论授课：通过课堂讲解、案例分析等形式，使员工掌握安全生产的基本理论和知识。

实践操作：组织员工进行模拟演练、实地操作等实践活动，提高员工的安全操作技能水平。

在线学习：利用网络平台，提供丰富的安全生产知识和技能培训资源，方便员工随时随地进行学习。

定期考核：通过定期考核，检验员工对安全生产知识和技能的掌握情况，确保培训效果。

（五）安全生产知识与技能培训的实施策略

制订培训计划：根据企业的实际情况和员工的需求，制订详细的安全生产知识与技能培训计划，明确培训目标、内容、时间和方式。

建立培训机制：建立健全的培训机制，确保培训工作的持续性和有效性。包括培训的组织管理、师资力量的配备、培训效果的评估等。

强化培训效果：通过多样化的培训方式和手段，激发员工的学习兴趣，增强培训效果。同时，加强培训后的跟踪和评估，确保员工能够真正掌握所学的知识和技能。

（六）安全生产知识与技能培训的实践案例

以某化工企业为例，该企业高度重视安全生产知识与技能培训工作。他们制订了详细的培训计划，并采用了多种培训方式，如理论授课、实践操作、在线学习等。通过培训，员工的安全意识和技能水平得到了显著提高。在实际生产过程中，员工能够准确地识别和控制安全隐患，减少了事故的发生。同时，企业还建立了完善的培训机制，确保培训工作的持续性和有效性。这些措施的实施为企业的安全生产提供了有力保障。

（七）总结

安全生产知识与技能培训是一项化工行业中不可或缺的工作。通过加强培训，我们可以增强员工的安全意识和技能水平，有效预防事故的发生，保障企业的正常运营和员工的生命安全。因此，我们应该高度重视安全生产知识与技能培训工作，不断完善培训内容和方式，提升培训效果，为化工行业的可持续发展贡献力量。

三、安全文化建设与企业管理

（一）概述

安全文化是企业文化的重要组成部分，它体现了企业对安全生产的重视程度和员工的安全意识。安全文化建设与企业管理密切相关，良好的安全文化不仅能够提升企业的安全管理水平，还能够增强企业的凝聚力和竞争力。因此，加强安全文化建设，将其融入企业管理，对于化工行业的健康、稳定、可持续发展具有重要意义。

（二）安全文化的内涵与重要性

安全文化是指在企业生产经营活动中，全体员工对安全生产形成的共同理念、价值观念和行为准则。它体现了企业对安全生产的重视程度，是企业管理水平的重要体现。安全文化的重要性在于：

增强员工安全意识：安全文化能够引导员工树立正确的安全观念，增强安全意识，自觉遵守安全规章制度，减少安全事故的发生。

提升安全管理水平：安全文化建设能够推动企业管理体系的完善，提升企业的安全管理水平，为企业创造更加安全、稳定的生产环境。

增强企业凝聚力：安全文化能够增强员工的归属感和责任感，增强企业的凝聚力和向心力，为企业发展提供有力支持。

（三）安全文化建设与企业管理的关系

安全文化建设与企业管理相辅相成、相互促进。一方面，企业管理为安全文化建设提供了有力的保障和支持，确保安全文化理念得以贯彻落实；另一方面，安全文化建设能够提升企业的管理水平，推动企业管理体系的不断完善。具体来说：

企业管理为安全文化建设提供保障：企业管理通过制定安全规章制度、明确责任分工、加强监督考核等措施，为安全文化建设提供了有力的保障和支持。这些措施能够确保安全文化理念在企业内部得到广泛传播和深入贯彻落实。

安全文化建设推动企业管理水平提升：安全文化建设注重培养员工的安全意识和行为习惯，能够推动企业管理体系的不断完善和优化。通过加强安全文化建设，企业可以更加有效地管理员工，以提高生产效率、降低安全事故发生率，从而提升企业的整体管理水平。

（四）安全文化建设的策略与实践

制定安全文化建设规划：企业应结合自身实际情况和发展需求，制定详细的安全文化建设规划。规划应包括明确的目标、具体的措施、实施的时间表等，以确保安全文化建设的有序推进。

加强安全宣传教育：通过举办安全知识讲座、制作安全宣传栏、开展安全主题活动等形式，加强员工对安全文化的认识和理解。同时，还应鼓励员工积极参与安全文化建设活动，营造良好的安全文化氛围。

完善安全管理制度：企业应建立健全的安全管理制度体系，包括安全生产责任制、安全操作规程、安全教育培训等。通过制度的完善和执行，确保员工在生产过程中的安全行为得到规范和约束。

强化安全监督检查：企业应加大对安全生产的监督检查力度，定期对生产现场进行安全检查，及时发现和整改安全隐患。同时，还应建立安全事故报告和处理机制，对发生的安全事故进行深入分析和处理，防止类似事故的再次发生。

（五）安全文化建设与企业管理的实践案例

以某化工企业为例，该企业高度重视安全文化建设与企业管理的融合。他们制定了详细的安全文化建设规划，并通过多种形式加强员工的安全宣传教育。同时，企业还完善了安全管理制度体系，强化了安全监督检查力度。这些措施的实施使得员工的安全意识得到了显著提升，安全事故发生率大幅下降。此外，安全文化的建设也推动了企业管理体系的不断完善和优化，提高了企业的整体管理水平。这些实践成果充分证明了安全文化建设与企业管理相结合的重要性和有效性。

（六）总结

安全文化建设与企业管理是化工行业发展中不可或缺的两个重要方面。通过加强安全文化建设并将其融入企业管理，可以增强员工的安全意识、提升企业的安全管理水平、增强企业的凝聚力和竞争力。因此，我们应充分认识到安全文化建设与企业管理的重要性，并付诸实践努力营造安全稳定的生产环境，为化工行业的可持续发展贡献力量。

四、安全生产责任与管理体系建设

（一）概述

在化工行业中，安全生产责任与管理体系建设是确保企业安全、稳定、高效运行的重要保障。随着市场竞争的日益激烈和技术水平的不断提升，建立健全的安全生产责任与管理体系已成为化工企业可持续发展的必然要求。本节将深入探讨安全生产责任体系的建设、安全生产管理体系的构建、安全生产责任与管理体系的实践应用，以及建设的挑战与对策，以期为化工行业的安全管理提供有益参考。

（二）安全生产责任体系的建设

安全生产责任体系是明确企业各级领导、各部门及员工在安全生产中职责和权力的重要机制。其建设应遵循以下原则：

明确责任主体：企业应明确各级领导、各部门及员工在安全生产中的具体职责和权力，确保责任到人、权力到位。

落实层级管理：建立健全的层级管理体系，实现从上至下的责任传递和从下至上的信息反馈，确保安全生产责任的有效落实。

强化考核机制：将安全生产责任纳入企业绩效考核体系，通过定期考核和奖惩机制，增加员工履行安全生产责任的积极性和主动性。

（三）安全生产管理体系的构建

安全生产管理体系是企业实现安全生产目标的重要保障。其构建应包括以下几个方面：

制定安全管理制度：企业应结合自身实际情况和发展需求，制定完善的安全管理制度体系，包括安全生产责任制、安全操作规程、安全教育培训等。

加强风险管理：建立健全的风险管理机制，定期开展风险评估和隐患排查，及时发现和整改安全隐患，降低事故发生的概率。

完善应急管理体系：制订应急预案和应急演练计划，加强应急队伍建设和应急物资储备，提高应对突发事件的能力。

（四）安全生产责任与管理体系的实践应用

为了确保安全生产责任与管理体系的有效实施，企业应采取以下措施：

加强组织领导：成立专门的安全生产管理机构，负责安全生产责任制管理体系的推进和落实。

强化培训教育：定期开展安全生产培训和教育活动，增强员工的安全意识和安全技能水平。

加强监督检查：建立健全的监督检查机制，定期对安全生产责任和管理体系的执行情况进行检查和评估，确保各项措施得到有效落实。

（五）安全生产责任与管理体系建设的挑战和对策

在安全生产责任与管理体系建设过程中，企业可能面临以下挑战：

责任落实不到位：部分员工对安全生产责任认识不足，导致责任落实不到位。对此，企业应加强宣传教育，明确责任要求，强化考核机制。

管理体系不完善：部分企业的安全生产管理体系尚不完善，存在制度漏洞和管理空白。为此，企业应不断完善制度体系，加强风险管理和应急管理体系建设。

监管力度不够：部分企业对安全生产责任与管理体系的监管力度不够，导致措施执行不力。为此，企业应加大监管力度，强化监督检查和问责机制。

（六）总结

安全生产责任与管理体系建设是化工企业实现安全生产目标的重要保障。通过明确责任主体、落实层级管理、强化考核机制等措施，建立健全的安全生产责任体系；通过制定安全管理制度、加强风险管理、完善应急管理体系等措施，构建完善的安全生产管理体系。同时，企业还应加强组织领导、强化培训教育、加强监督检查等措施的实施，确保安全生产责任与管理体系的有效落实。面对挑战，企业应积极采取对策，不断完善制度体系、加大监管力度、强化问责机制等，推动安全生产责任与管理体系建设的持续改进和提升。只有这样，才能确保化工企业的安全生产和可持续发展。

五、安全事故案例分析与经验总结

（一）概述

安全事故是化工生产过程中不可忽视的风险，对事故进行深入分析、总结经验教训，对于预防类似事故的再次发生具有重要意义。通过对安全事故案例的剖析，可以发现事故发生的根本原因，从而采取有效的防范措施，提升企业的安全生产管理水平。本节将选取典型的化工安全事故案例进行分析，并总结相关经验教训。

（二）安全事故案例分析

1. 某化工厂爆炸事故

事故概述：某化工厂在生产过程中发生爆炸，造成人员伤亡和财产损失。

事故原因：经调查发现，事故是生产过程中违规操作、设备老化等导致的。

经验教训：企业应加强对员工的安全教育培训，增强员工的安全意识；定期对设备进行维护和检查，确保设备处于良好状态；加强现场安全管理，严格执行安全生产规章制度。

2. 某化工厂泄漏事故

事故概述：某化工厂发生化学品泄漏事故，对周边环境造成污染。

事故原因：事故是由于设备密封不严、操作失误等原因导致的。

经验教训：企业应加强对设备的管理和维护，确保设备的密封性和稳定性；加强员工的安全培训，提高员工的操作技能和应急处置能力；建立完善的泄漏应急预案，以应对类似事故的发生。

（三）安全事故的根源与防范措施

人的因素：员工安全意识薄弱、操作不规范等是导致事故的重要原因。因此，企业应加强对员工的安全教育培训，增强员工的安全意识和操作技能。

设备因素：设备老化、维护不当等也是导致事故的重要原因。企业应定期对设备进行维护和检查，确保设备处于良好状态。

管理因素：安全生产管理体系不完善、安全监管不到位等也是导致事故的原因之一。企业应建立完善的安全生产管理体系和监管机制，确保各项措施得到有效落实。

（四）安全事故防范的对策与建议

加强安全教育培训：企业应定期开展安全教育培训活动，提高员工的安全意识和操作技能水平。

完善安全生产管理体系：企业应建立完善的安全生产管理体系和监管机制，明确各级领导、各部门及员工在安全生产中的职责和权力。

强化现场安全管理：企业应加强对生产现场的安全管理，确保各项安全措施得到有效落实。

加大安全投入：企业应加大对安全生产的投入力度，提高安全设施的配置水平和维护保障能力。

加强应急救援体系建设：企业应建立完善的应急救援体系，提高应对突发事件的能力。

（五）总结

通过对典型化工安全事故案例的分析和总结，我们可以看到安全事故的发生往往与人的因素、设备因素和管理因素密切相关。为了防范类似事故的再次发生，企业应加强对员工的安全教育培训、完善安全生产管理体系和监管机制、强化现场安全管理、加大安全投入及加强应急救援体系建设。只有这样，才能确保化工企业的安全生产和可持续发展。同时，政府和社会各界也应加大对化工行业的监管和支持力度，共同推动化工行业的安全发展和转型升级。

第二节　化工企业安全生产教育与培训

一、安全生产教育与培训的创新方法和实践经验

（一）概述

随着科技的不断进步和化工行业的快速发展，传统的安全生产教育与培训方式难

以满足现代化工企业的需求。因此，探索安全生产教育与培训的创新与实践，提升员工的安全意识和技能水平，已成为化工企业面临的重要课题。本节将深入探讨安全生产教育与培训的创新方法与实践经验，为化工企业的安全发展提供有益参考。

（二）安全生产教育与培训的创新方法

采用多元化教学手段：结合现代科技手段，如虚拟现实（VR）、增强现实（AR）等技术，模拟真实生产环境，使员工在沉浸式体验中掌握安全知识和技能。同时，利用在线教育平台，实现随时随地地学习和互动交流。

引入游戏化学习：通过设计富有趣味性和挑战性的安全知识游戏，激发员工的学习兴趣，提高学习效果。游戏化学习不仅能够让员工在轻松愉快的氛围中掌握知识，还能培养员工的团队协作和应急反应能力。

个性化培训计划：根据员工的岗位职责和安全风险等级，制订个性化的培训计划。针对不同员工的需求和特点，提供定制化的学习资源和课程内容，确保培训效果的最大化。

实践性与互动性相结合：在培训过程中注重实践操作和互动交流，组织员工参与模拟演练、案例分析等实践性活动。通过实际操作和讨论交流，加深员工对安全知识的理解。

（三）安全生产教育与培训的实践经验

建立持续学习机制：将安全生产教育与培训纳入企业的日常管理体系，建立持续学习的机制。通过定期举办培训班、研讨会等活动，不断更新员工的安全知识和技能，确保员工始终保持高度的安全意识。

强化师资力量：加强师资队伍建设，选拔具有丰富实践经验和专业知识的教师担任培训师。同时，鼓励教师不断更新教学内容和方法，提高教学效果。

评估与反馈机制：建立培训评估与反馈机制，对培训效果进行定期评估和总结。通过收集员工的反馈意见和建议，不断改进培训内容和方式，提高培训质量。

激励机制与文化建设：将安全生产教育与培训与员工的绩效考核和职业发展相结合，建立激励机制。同时，通过企业文化建设等手段，营造全员关注安全、重视安全的良好氛围。

（四）安全生产教育与培训的挑战和对策

技术更新与投入成本：随着科技的快速发展，企业需要不断更新教学手段和技术设备。对此，企业应加大投入力度，确保技术更新与培训需求相匹配。同时，积极寻求政府和社会支持，降低投入成本。

员工参与度与学习效果：提高员工的参与度和学习效果是安全生产教育与培训的关键。企业应采用多种手段激发员工的学习兴趣，如设立奖励机制、开展竞赛活动等。同时，关注员工的学习需求和反馈，不断优化培训内容和方式。

法律法规与标准变化：随着化工行业的法律法规和标准不断更新，企业需要密切关注相关变化并及时调整培训内容。为此，企业应加强与政府部门的沟通联系，及时了解最新政策和标准要求并建立完善的培训体系和管理制度，确保培训内容的合规性和有效性。

（五）总结

安全生产教育与培训的创新与实践对于提升员工安全意识和技能水平具有重要意义。通过采用多元化教学手段、引入游戏化学习、制定个性化培训计划以及强化实践性与互动性等方法，可以有效增强培训效果。同时，建立持续学习机制、强化师资力量、完善评估与反馈机制及建立激励机制与文化建设等实践经验也为化工企业的安全生产提供了有力保障。面对挑战和对策，企业应加大投入力度、提高员工参与度与学习效果并密切关注法律法规与标准变化，以确保安全生产教育与培训工作的持续改进和提升。

二、安全生产教育与培训的效果评估和改进方法

（一）概述

在化工行业中，安全生产教育与培训是确保员工安全意识和技能水平持续提高的关键环节。然而，仅开展教育和培训活动并不足以保证效果，定期对其效果进行评估并根据评估结果进行改进至关重要。通过科学、系统地评估与改进流程，企业可以确保安全生产教育和培训活动与实际需求相匹配，进而提升整体的安全生产水平。本节将详细探讨安全生产教育与培训的效果评估与改进方法，以期为化工企业的安全管理提供有益参考。

（二）效果评估的目的与原则

目的：效果评估的主要目的是了解教育和培训活动是否达到了预期目标，员工的安全意识和技能水平是否得到了提高，以及培训内容和方式是否与实际需求相匹配。通过评估，企业可以及时发现存在的问题和不足，为后续改进提供依据。

原则：评估应遵循客观、公正、全面和可操作性的原则。评估过程应基于实际数据和事实，避免主观臆断和偏见。同时，评估应涵盖教育和培训活动的各个方面，包括培训内容、方式、效果等。此外，评估方法应简单易行，便于操作和推广。

（三）效果评估的方法与步骤

方法：常用的评估方法包括问卷调查、考试测试、实际操作考核等。问卷调查可以了解员工对培训内容和方式的满意度和反馈意见；考试测试可以检验员工对安全知识的掌握程度；实际操作考核可以评估员工在实际操作中的安全技能水平。

步骤：评估步骤包括确定评估目标、选择评估方法、收集数据、分析数据和撰写

评估报告等。企业应首先明确评估目标，然后选择合适的评估方法，收集相关数据和信息。接下来，通过对数据的分析和处理，得出评估总结和建议。最后，将评估结果以报告形式呈现，供企业管理层参考和决策。

（四）评估结果的应用与改进策略

评估结果的应用：评估结果应作为改进教育和培训活动的重要依据。企业应根据评估结果对培训内容、方式、频率等进行调整和优化，以满足员工的实际需求和增强培训效果。同时，评估结果也可用于对培训师资的考核和激励，提高教师的教学质量和积极性。

改进策略：针对评估中发现的问题和不足，企业应制定具体的改进策略。例如，针对员工对培训内容的不满意，可以调整课程结构和内容，增加实用性和趣味性；针对员工在实际操作中的不足，可以加强实践环节的训练和指导；针对培训方式的单一性，可以尝试引入新的教学手段和技术，如在线学习、虚拟现实等。

（五）持续改进与长效机制建设

持续改进：安全生产教育与培训的效果评估与改进是一个持续的过程。企业应定期对教育和培训活动进行评估，并根据评估结果进行及时改进。同时，鼓励员工提出意见和建议，促进教育和培训活动的持续优化和创新。

长效机制建设：为确保安全生产教育与培训工作的长效性和稳定性，企业应建立相应的长效机制。例如，制订完善的教育和培训计划，明确培训目标和内容；建立稳定的师资队伍，提高教师的教学水平和专业素养；加强与政府和社会各界的合作与交流，共同推动化工行业的安全发展。

（六）总结

安全生产教育与培训的效果评估与改进是化工企业提升员工安全意识和技能水平的重要手段。通过科学、系统地评估与改进流程，企业可以确保教育和培训活动与实际需求相匹配，增强培训效果。同时，建立持续改进与长效机制建设有助于确保教育和培训工作的长效性和稳定性。在未来的工作中，化工企业应进一步加强对安全生产教育与培训工作的重视和投入，不断完善评估与改进体系，为企业的安全生产和可持续发展提供有力保障。

三、安全生产教育与培训的资源整合及共享

（一）概述

在化工行业中，安全生产教育和培训资源的整合与共享对于增强培训效果、降低成本、促进知识交流具有重要意义。通过资源整合与共享，企业可以充分利用现有资源，避免资源浪费和重复建设，同时促进不同企业之间的交流与合作，共同提升化工

行业的安全生产水平。本节将探讨安全生产教育与培训资源的整合与共享策略，以期为化工企业的安全管理提供有益参考。

（二）资源整合与共享的重要性

增强培训效果：通过资源整合与共享，企业可以汇聚更多的优质教育资源，为员工提供更加丰富、多样的培训内容和方式。这有助于激发员工的学习兴趣，增强培训效果，从而提升员工的安全意识和技能水平。

降低成本：资源整合与共享可以降低企业单独开展教育和培训活动的成本。通过共享师资、场地、教材等资源，企业可以减少投入，实现经济效益的最大化。

促进知识交流：资源整合与共享为企业之间提供了一个交流和学习的平台。通过分享经验、案例和实践成果，企业可以相互学习、取长补短，共同推动化工行业的安全生产进步。

（三）资源整合与共享的策略与实践

建立资源共享平台：企业应建立安全生产教育和培训资源的共享平台，将师资、课程、教材等资源进行整合和展示。通过平台，企业可以方便地获取所需资源，实现资源的快速流通和共享。

开展合作与交流活动：企业应积极开展合作与交流活动，与其他企业、行业协会、研究机构等建立合作关系。通过共同举办培训班、研讨会、讲座等活动，促进资源共享和知识交流。

建立师资共享机制：企业应建立师资共享机制，将优秀的教师资源进行整合和共享。通过互派教师、共享教学经验和成果等方式，提高教师的教学水平和专业素养，为员工提供更加优质的培训服务。

推动数字化资源建设：随着信息技术的发展，数字化资源建设已成为趋势。企业应积极推动数字化资源建设，将传统的教育和培训资源转化为数字化形式，方便员工随时随地进行学习。同时，通过数字化手段实现资源的快速传播和共享，提高资源的利用效率。

（四）资源共享的挑战与对策

资源质量和标准化问题：在资源整合与共享过程中，如何确保资源的质量和标准化是一个重要挑战。对此，企业应建立严格的资源审核和评价机制，对共享的资源进行筛选和评估，确保资源的准确性和可靠性。同时，推动制定统一的资源标准和规范，促进资源的标准化和规范化管理。

知识产权和保密问题：资源共享可能涉及知识产权和保密问题，需要引起企业的重视。在共享资源时，企业应明确知识产权归属和使用权限，尊重他人的知识产权成果。同时，对于涉及商业机密和敏感信息的资源，应采取加密、权限控制等安全措施，确保资源的安全性和保密性。

合作机制与信任建立：资源共享需要企业之间的合作与信任。为了促进合作和信任的建立，企业应建立明确的合作机制和规则，明确各方的责任和义务。同时，通过加强沟通与交流、共同解决问题等方式，增进彼此之间的了解和信任，推动资源共享的深入发展。

（五）总结

安全生产教育与培训资源的整合与共享对于增强培训效果、降低成本、促进知识交流具有重要意义。通过建立资源共享平台、开展合作与交流活动、建立师资共享机制以及推动数字化资源建设等策略与实践，企业可以充分利用现有资源，实现资源的快速流通和共享。然而，在资源共享过程中也面临着一些挑战和问题，如资源质量和标准化问题、知识产权和保密问题以及合作机制与信任建立等。因此，企业需要采取相应的对策和措施来应对这些挑战和问题，确保资源共享的顺利进行。未来，随着技术的不断进步和行业的不断发展，我们相信安全生产教育与培训资源的整合与共享将会更加深入和广泛，为化工行业的安全生产和可持续发展提供有力支持。

四、安全生产教育与培训的政策导向及支持措施

（一）概述

安全生产教育和培训在化工行业中扮演着至关重要的角色，它不仅关系员工的生命安全，也直接影响着企业的可持续发展。为了加强安全生产教育和培训，政府和企业需要制定和实施一系列的政策导向和支持措施。这些措施旨在增强员工的安全意识，提高他们的安全技能水平，从而确保化工生产过程中的安全。本节将详细探讨安全生产教育与培训的政策导向与支持措施，以期为化工行业的安全管理提供有益的参考。

（二）政策导向的作用与意义

提供明确方向：政策导向为安全生产教育和培训提供了明确的方向和目标。它有助于确保教育和培训活动与国家的安全生产政策相一致，促进化工行业安全生产水平的整体提升。

引导资源配置：政策导向可以引导企业和政府在安全生产教育和培训方面的资源配置。通过制定优先发展的领域和重点支持的项目，可以确保资源得到合理有效地利用。

促进交流与合作：政策导向可以促进不同地区、不同企业之间的安全生产教育和培训交流与合作。通过分享经验、推广先进做法，可以共同提高整个行业的安全生产水平。

（三）政策导向与支持措施的具体内容

制定法律法规：政府应制定和完善相关法律法规，明确安全生产教育和培训的责

任和义务。同时，加大对违法行为的处罚力度，确保法律法规的有效执行。

制定国家标准和规范：政府应制定安全生产教育和培训的国家标准和规范，明确培训内容、方式、评估标准等。这有助于确保教育和培训活动的质量和效果。

提供财政支持：政府应提供财政支持，鼓励企业和机构开展安全生产教育和培训活动。例如，设立专项资金、提供税收优惠等，降低企业和机构的培训成本。

建立激励机制：政府和企业应建立激励机制，对在安全生产教育和培训方面表现突出的个人和组织给予奖励和荣誉。这可以激发员工参与培训和学习的积极性，促进培训和活动的持续改进和创新。

加强监管和评估：政府应加强对安全生产教育和培训活动的监管和评估。通过定期检查、评估、反馈等方式确保教育和培训活动符合政策要求，以及时发现和解决问题。

推广先进技术和理念：政府和企业应积极推广先进的安全生产技术和理念，提高教育和培训活动的科技含量和实用性。例如，引入虚拟现实、在线学习等新技术手段，增强培训效果。

（四）政策导向与支持措施的实施和挑战

跨部门协调与合作：实施政策导向和支持措施需要多个部门和机构之间的密切协调与合作。政府应建立有效的协调机制，确保各部门之间的信息共享和资源整合。

资源分配与利用：有限的资源如何在不同地区、不同企业之间进行合理分配和利用是一个挑战。政府和企业应根据实际情况制定优先级和重点支持方向，确保资源得到有效利用。

持续更新与完善：随着科技的不断进步和化工行业的发展变化，政策导向和支持措施也需要不断更新和完善。政府和企业应定期评估现有政策的适用性和效果，及时进行调整和改进。

（五）总结

安全生产教育与培训的政策导向与支持措施对于提高化工行业的安全生产水平具有重要意义。政府和企业应制定和实施一系列的政策措施，确保教育和培训活动的有效开展。同时，需要关注政策实施过程中的挑战和问题，并采取相应措施加以解决。通过共同努力和持续改进，我们可以期待化工行业在安全生产方面取得更大的进步和发展。

第三节　化工企业安全生产教育的发展趋势

一、安全生产教育与培训的国际合作及交流

（一）政策背景与意义

随着化工行业的快速发展，安全生产问题日益凸显。为了增强员工的安全意识和

技能水平，确保生产过程的安全与稳定，政府和企业越来越重视安全生产教育与培训。政策导向与支持措施在这一过程中起着至关重要的作用。它们不仅能够引导企业和员工重视安全生产教育与培训，还能提供必要的资源和保障，推动教育和培训工作的有效开展。

政策导向是指政府通过制定法律法规、规划计划、政策措施等，对安全生产教育与培训进行引导和规范。支持措施则是指政府为企业和员工提供资金、技术、人才等方面的支持，帮助其更好地开展安全生产教育与培训。这些政策导向与支持措施对于提高化工行业的安全生产水平具有重要意义。

(二) 政策导向的具体内容

法律法规的完善：政府应制定和完善与安全生产教育与培训相关的法律法规，明确企业和员工在安全生产方面的责任和义务。同时，加大对违法行为的处罚力度，形成有效的法律约束机制。

规划计划的制订：政府应根据化工行业的发展趋势和安全生产需求，制订长期和短期的安全生产教育与培训计划。这些规划计划应明确培训目标、内容、方式、时间等要素，确保教育和培训工作的系统性、连续性和针对性。

政策措施的引导：政府可以通过制定政策措施，引导企业和员工重视安全生产教育与培训。例如，对开展安全生产教育与培训的企业给予税收优惠、资金补贴等政策支持；对表现突出的企业和个人进行表彰和奖励；对存在安全隐患的企业进行整改和处罚等。

(三) 支持措施的具体内容

资金支持：政府应设立专项资金，用于支持安全生产教育与培训工作的开展。这些资金可以用于购买培训设备、教材，以及聘请教师等。同时，政府还可以通过购买服务的方式，为中小企业提供安全生产教育与培训服务。

技术支持：政府应鼓励和支持新技术、新方法在安全生产教育与培训中的应用。例如，利用虚拟现实、增强现实等技术手段开展模拟演练和实操训练；利用互联网、移动设备等手段开展在线学习和远程培训等。这些技术支持可以提高教育和培训的效果和质量。

人才支持：政府应加强对安全生产教育与培训师资的培养和管理。通过设立师资培训基地、开展师资培训项目等方式，提高教师的专业素质和教学水平。同时，鼓励企业建立内部培训师队伍，提高员工的安全生产知识和技能水平。

合作与交流支持：政府应搭建平台，促进不同地区、不同企业之间的安全生产教育与培训合作与交流。通过组织研讨会、论坛、培训班等活动，分享经验、交流信息、推广先进做法，共同提高整个行业的安全生产水平。

(四) 政策实施与效果评估

为了确保政策导向与支持措施的有效实施，政府应建立完善的监督机制和评估体系。通过对企业和员工开展定期或不定期的监督检查和评估工作，了解教育和培训工作的实际情况和效果，及时发现和解决问题。同时，政府还应加强对政策执行情况的跟踪和反馈工作，及时调整和完善相关政策措施，确保政策导向与支持措施始终与化工行业的发展需求和安全生产形势相适应。

此外，政府还应鼓励社会各界积极参与安全生产教育与培训工作。通过广泛宣传和教育活动，提高公众对安全生产重要性的认识和关注度；通过社会监督和评价机制，推动企业和员工不断改进和提高自身的安全生产水平。

（五）总结与展望

安全生产教育与培训是化工行业安全生产工作的重要组成部分。政府和企业应充分认识其重要性，并采取有效的政策导向与支持措施加以推进。通过完善法律法规、制订计划、提供资金支持、加强技术支持和人才培养等措施的实施，可以不断提高化工行业的安全生产水平，保障员工的生命安全和企业的可持续发展。展望未来，随着科技的不断进步和化工行业的不断发展变化，我们需要继续关注和研究新的安全生产教育与培训方法和手段，以满足新形势下的安全生产需求。同时，我们也需要进一步加强国际合作与交流，借鉴和学习国际先进的安全生产教育与培训经验和做法，共同推动全球化工行业的安全生产事业发展。

二、安全生产教育与培训的未来发展趋势和挑战

（一）概述

随着科技的飞速发展和化工行业的不断进步，安全生产教育与培训面临着前所未有的机遇与挑战。为了应对这些变化，我们需要深入探讨安全生产教育与培训的未来发展趋势，并识别其中的挑战，以确保化工行业的安全生产水平持续提高。

（二）未来发展趋势

数字化转型：随着信息技术的快速发展，数字化转型已成为安全生产教育与培训的重要发展趋势。虚拟现实（VR）、增强现实（AR）等技术的应用，将为安全生产培训提供更加逼真、沉浸式的体验。此外，大数据分析、人工智能等技术的应用，也有助于精准识别培训需求，增强培训效果。

个性化培训：随着员工需求的多样化，个性化培训逐渐成为安全生产教育与培训的新趋势。企业可以根据员工的岗位、技能水平、学习风格等因素，制定个性化的培训方案，以满足不同员工的需求。

持续学习与培训：化工行业的技术和标准不断更新，要求员工必须持续学习和更新知识。因此，持续学习与培训将成为未来安全生产教育与培训的重要方向。企业需要建立完善的培训机制，确保员工能够随时获取最新的安全知识和技能。

国际化发展：随着全球化进程的加速，安全生产教育与培训也逐渐向国际化发展。

企业需要关注国际标准，加强与国际同行的交流与合作，以提高自身的安全生产水平。

（三）面临的挑战

技术更新迅速：科技的快速发展使得安全生产教育与培训领域的技术不断更新换代。企业需要不断跟进新技术、新方法，以确保培训内容的先进性和实用性。然而，新技术的引入和应用往往需要投入大量的人力、物力和财力，这对企业带来了一定的挑战。

培训效果评估：如何有效评估安全生产教育与培训的效果，一直是困扰企业的难题。传统的评估方法往往难以准确反映员工的实际能力和水平。因此，企业需要探索新的评估方法和技术手段，以更准确地评估培训效果。

员工参与度：员工对安全生产教育与培训的参与度直接影响培训效果。然而，在实际操作中，由于工作压力大、培训内容枯燥等，员工往往对培训缺乏兴趣。因此，如何提高员工的参与度，成为企业需要解决的重要问题。

国际化标准的统一：随着国际化发展的加速，如何将不同国家和地区的安全生产标准与最佳实践进行统一和整合，成为企业需要面对的挑战。企业需要关注国际标准的动态变化，加强与国际同行的交流与合作，以推动国际化标准的统一和普及。

（四）应对策略与建议

加强技术研发与应用：企业应加大对安全生产教育与培训领域的技术研发和应用力度，积极引进和推广新技术、新方法。同时，加强与高等学校、科研机构等合作，推动产学研一体化发展，提高技术创新能力和应用水平。

完善培训效果评估体系：企业应建立完善的培训效果评估体系，采用多种评估方法和技术手段，全面、客观地评估员工的培训效果。同时，根据评估结果及时调整培训内容和方式，提高培训质量和效果。

提高员工参与度与学习兴趣：企业应关注员工的学习需求和兴趣点，制定更加贴近实际、生动有趣的培训内容。同时，采用多种教学方式和手段，如案例教学、情景模拟等，激发员工的学习兴趣和积极性。

推动国际化标准的统一与普及：企业应积极参与国际安全生产标准的制定和修订工作，加强与国际同行的交流与合作。同时，将国际标准与企业实际相结合，推动国际化标准的统一和普及，提高企业的安全生产水平。

（五）总结与展望

安全生产教育与培训在化工行业中扮演着至关重要的角色。未来，随着科技的快速发展和行业的不断进步，安全生产教育与培训将呈现数字化转型、个性化培训、持续学习与培训及国际化发展等趋势。然而，同时面临着技术更新迅速、培训效果评估困难、员工参与度低以及国际化标准统一等挑战。为了应对这些挑战，企业需要加强技术研发与应用、完善培训效果评估体系、提高员工参与度与学习兴趣以及推动国际化标准的统一与普及。展望未来，我们期待安全生产教育与培训能够不断创新和发展，为化工行业的安全生产提供更加坚实的保障。

三、安全生产教育与培训的社会责任和公众教育

（一）概述

安全生产不仅关系企业的经济利益，更与公众的生命安全和社会稳定息息相关。因此，安全生产教育与培训不仅是企业的责任，也是社会的责任。本节将探讨安全生产教育与培训的社会责任，以及如何通过公众教育来推动这一目标的实现。

（二）安全生产教育与培训的社会责任

保护员工生命安全：企业应为员工提供必要的安全生产教育和培训，确保他们了解并掌握安全操作规程，预防事故发生，从而保护员工的生命安全。

维护社会稳定：化工事故的发生往往会对社会造成重大影响，甚至引发社会恐慌。通过加强安全生产教育与培训，减少事故发生的可能性，有助于维护社会的和谐稳定。

促进可持续发展：安全生产是可持续发展的重要组成部分。通过提高安全生产水平，企业可以减少资源浪费和环境污染，实现经济效益和社会效益的双赢。

履行企业社会责任：企业在追求经济利益的同时，也应积极履行社会责任。加强安全生产教育与培训，是企业履行社会责任的重要体现。

（三）公众教育的角色与重要性

增强公众安全意识：通过公众教育，可以普及安全知识，提高公众对安全生产的认识和重视程度，使其在日常生活中更加注重安全。

形成社会监督：公众对安全生产的关注和监督可以促使企业更加重视安全生产工作，加强安全生产教育与培训。

推动政策制定与完善：公众的意见和建议可以为政府制定和完善安全生产政策提供参考，从而推动安全生产工作的不断改进。

（四）实施策略与建议

加强媒体宣传：利用电视、广播、报纸、网络等媒体平台，广泛宣传安全生产知识和事故案例，增强公众的安全意识。

开展公益活动：组织安全知识讲座、应急演练等公益活动，吸引公众参与，提高他们的安全技能水平和应对能力。

加强学校教育：将安全生产知识纳入学校教育体系，从小培养学生的安全意识，为未来的安全生产打下坚实基础。

推动社区参与：鼓励社区开展安全生产相关的活动，如安全知识竞赛、安全文化节等，增强社区居民的安全意识和参与度。

（五）案例分析与实践经验

国内外有许多成功的案例和实践经验可以借鉴。例如，一些化工企业通过与社区合作，开展安全生产宣传教育活动，不仅提高了员工和社区居民的安全意识，也增强了企业的社会责任感。此外，一些国家政府通过制定相关法律法规和政策措施，推动社会各界共同参与安全生产工作，取得了显著成效。

（六）总结与展望

安全生产教育与培训的社会责任重大，需要企业、政府和社会各界共同努力。通过加强公众教育，增强公众的安全意识和参与度，可以推动安全生产工作的持续改进和发展。展望未来，我们期待看到更多创新性的安全生产教育与培训模式和实践，为公众的安全和社会的和谐稳定作出更大贡献。同时，我们也应关注新技术、新方法在安全生产教育与培训中的应用，以不断提高教育和培训的效果和质量。

第七章 安全技术装备与管理

第一节 化工安全技术装备概述

一、化工安全监测技术与化工安全预警技术

（一）概述

化工行业作为国民经济的重要支柱，其安全生产问题一直备受关注。随着科技的不断发展，化工安全监测与预警技术也在不断更新和完善。这些技术的应用，不仅可以提高化工生产的安全水平，减少事故的发生，还可以为企业带来经济效益和社会效益。本节将详细介绍化工安全监测技术与化工安全预警技术的相关内容。

（二）化工安全监测技术

化工安全监测技术是指通过各种仪器和设备，对化工生产过程中的各种参数进行实时监测和分析，以及时发现潜在的安全隐患。这些参数包括但不限于温度、压力、流量、液位、浓度等。

温度监测：温度是化工生产过程中一个非常重要的参数。过高的温度可能导致化学反应失控，从而引发事故。因此，对温度的实时监测和分析至关重要。常用的温度监测设备包括热电偶、热电阻等。

压力监测：压力是化工生产过程中另一个关键参数。过高的压力可能导致设备破裂，从而引发泄漏和火灾等事故。因此，对压力的实时监测和分析同样重要。常用的压力监测设备包括压力表、压力传感器等。

流量监测：流量监测主要用于监控流体的流动情况，以确保生产过程的稳定和安全。常用的流量监测设备包括流量计、流量传感器等。

液位监测：液位监测主要用于监控储罐、反应器等设备的液位情况，以防止液位过高或过低引发的安全事故。常用的液位监测设备包括液位计、液位传感器等。

浓度监测：浓度监测主要用于监控生产过程中各种物质的浓度，以防止浓度过高或过低引发的安全事故。常用的浓度监测设备包括浓度计、浓度传感器等。

（三）化工安全预警技术

化工安全预警技术是指通过各种算法和模型，对实时监测的数据进行处理和分析，以预测可能发生的安全事故，并提前发出预警。这些算法和模型包括但不限于统计分析、机器学习、深度学习等。

统计分析：统计分析是一种基于历史数据的预测方法。通过对历史数据的分析，可以发现某些参数的变化趋势和规律，从而预测未来的情况。例如，可以通过分析历史温度数据，预测未来一段时间内的温度变化趋势，从而提前采取相应的安全措施。

机器学习：机器学习是一种基于数据驱动的预测方法。通过对大量数据的学习和训练，机器学习模型可以自动发现数据中的规律和模式，并用于预测未来的情况。例如，可以利用机器学习模型对实时监测到的温度、压力等数据进行处理和分析，以预测可能发生的化学反应失控等事故，并提前发出预警。

深度学习：深度学习是机器学习的一种分支，其特点是可以处理更加复杂和抽象的数据。通过构建深度学习模型，可以对实时监测的数据进行深度分析和挖掘，以发现潜在的安全隐患。例如，可以利用深度学习模型对实时监测的图像、声音等数据进行处理和分析，以预测可能发生的泄漏、火灾等事故，并提前发出预警。

（四）技术挑战与未来发展

虽然化工安全监测与预警技术在过去几十年中取得了显著的进展，但仍面临一些技术挑战和未来发展的问题。

数据质量与准确性：实时监测数据的质量和准确性对预警系统的性能至关重要。然而，在实际生产过程中，由于各种原因（如传感器故障、环境因素等），监测数据可能存在误差或噪声。因此，如何提高数据质量和准确性是一个需要解决的问题。

算法模型的选择与优化：不同的算法模型适用于不同的应用场景和数据特点。如何选择合适的算法模型并对其进行优化以提高预警准确性是另一个需要解决的问题。这需要对各种算法模型进行深入研究和比较，并结合实际应用场景进行定制和优化。

多源信息融合：在实际生产过程中，往往需要从多个来源获取监测数据（如传感器、视频监控、人员报告等）。如何将这些多源信息进行融合并提取有用的信息以提高预警准确性是一个重要的问题。这需要研究多源信息融合的方法和技术，并构建相应的融合模型。

智能化与自动化：随着人工智能技术的发展，如何将智能化与自动化技术应用于化工安全监测与预警系统中以提高系统的智能化水平和自动化程度是一个未来的发展趋势。这包括利用人工智能技术实现自动监测、自动预警、自动决策等功能，以及利用自动化技术实现设备的自动控制和故障自动处理等功能。

（五）总结与展望

化工安全监测与预警技术是保障化工生产安全的重要手段之一。通过实时监测和分析生产过程中的各种参数以及利用算法和模型进行预测和预警，可以有效地发现和预防潜在的安全隐患和事故风险。然而，在实际应用中仍面临一些技术挑战和未来发展的问题。未来，随着技术的不断进步和创新以及人工智能等新技术的应用和发展，相信化工安全监测与预警技术将会取得更加显著的进展和突破，为化工生产的安全提供更加可靠和有效的保障。同时，我们也应该意识到任何技术都不是万能的，化工安全监测与预警技术也不例外。在应用这些技术的同时需要加强人员培训、完善管理制度等方面的工作，以提高化工生产的安全水平。

二、安全防护装备与设施管理

（一）概述

在化工生产过程中，安全防护装备与设施是保障员工安全、防止事故发生的重要手段。它们的作用是预防、减轻或消除生产过程中的危险因素，为员工提供安全的工作环境。因此，对安全防护装备与设施的管理至关重要。本节将详细探讨安全防护装备与设施的分类、管理要求、常见问题及改进措施等方面。

（二）安全防护装备与设施的分类

安全防护装备与设施主要包括个人防护装备、安全设施和安全系统等。

个人防护装备：如安全帽、防护眼镜、防护手套、防护服等，用于保护员工免受物理、化学或生物等危险因素的伤害。

安全设施：如防护栏、安全网、防滑地面、应急照明设备等，用于改善工作环境，减少事故发生的可能性。

安全系统：如火灾报警系统、安全监控系统、紧急停车系统等，用于及时发现和处理潜在的安全隐患。

（三）安全防护装备与设施的管理要求

采购与验收：应选择符合国家标准和行业规范的安全防护装备与设施，确保其质量和性能满足生产需求。在采购过程中要进行严格的验收，确保产品合格。

使用与维护：员工应正确使用安全防护装备与设施，了解其使用方法和注意事项。同时，应定期进行维护和保养，确保其处于良好的工作状态。

检查与更新：应定期对安全防护装备与设施进行检查，若发现问题应及时处理。对于过期或损坏的装备与设施，应及时更新或维修。

培训与指导：应为员工提供相关的培训和指导，使他们了解安全防护装备与设施的重要性，掌握正确的使用方法。

（四）安全防护装备与设施管理中的常见问题

忽视安全防护装备与设施的重要性：部分企业和员工对安全防护装备与设施的重

要性认识不足，存在侥幸心理，忽视对其的维护。

采购与验收不规范：在采购过程中，可能存在质量把关不严、验收不规范等问题，导致安全防护装备与设施的质量得不到保障。

使用与维护不当：员工在使用安全防护装备与设施时，可能存在操作不规范、保养不到位等问题，导致其性能下降或失效。

检查与更新不及时：对于安全防护装备与设施的检查和更新，可能存在不及时、不全面等问题，导致潜在的安全隐患得不到及时发现和处理。

（五）改进措施与建议

加强宣传教育：通过举办安全知识讲座、制作宣传栏等方式，提高企业和员工对安全防护装备与设施重要性的认识程度，增强安全意识。

完善采购与验收制度：制定严格的采购与验收制度，明确产品质量标准和验收程序，确保安全防护装备与设施的质量和性能满足生产需求。

强化使用与维护管理：制定详细的使用与维护规范，加强员工培训和指导，确保员工正确使用和保养安全防护装备与设施。

建立定期检查与更新机制：定期对安全防护装备与设施进行检查和更新，发现问题及时处理，确保其始终处于良好的工作状态。

（六）案例分析与实践经验

结合国内外化工企业的实际案例，分析安全防护装备与设施管理的重要性及改进措施的实际效果。例如，某化工企业因忽视安全防护装备与设施的管理导致了一起重大事故，造成了严重的人员伤亡和财产损失。事故后，企业加强了安全防护装备与设施的管理，完善了相关制度和规范，增强了员工的安全意识和操作技能。经过一段时间的运行，企业的安全生产水平得到了显著提升，事故发生率大幅下降。

（七）总结与展望

安全防护装备与设施管理是化工安全生产的重要组成部分，对于保障员工安全、预防事故发生具有重要意义。通过加强宣传教育、完善采购与验收制度、强化使用与维护管理以及建立定期检查与更新机制等措施，可以有效提高安全防护装备与设施的管理水平。未来，随着科技的不断进步和创新，安全防护装备与设施将更加智能化、高效化，为化工安全生产提供更加可靠的保障。

三、化工生产现场安全管理

（一）概述

化工生产现场安全管理是确保化工生产过程安全、稳定、高效运行的关键环节。它涉及人员、设备、环境等多个方面的管理，要求企业建立完善的安全管理体系，增强员工的安全意识，确保生产现场的安全可控。本节将详细探讨化工生产现场安全管理的重要性、主要任务、常见问题及改进措施与建议等方面。

（二）化工生产现场安全管理的重要性

化工生产现场安全管理的重要性不言而喻。首先，化工生产涉及大量的危险化学品和高温高压等危险因素，一旦发生事故，后果往往十分严重，甚至可能威胁人们的生命安全。其次，化工生产是企业的重要经济活动，一旦发生事故，不仅会造成人员伤亡和财产损失，还会影响企业的正常生产和经济效益。因此，加强化工生产现场安全管理，确保生产过程的安全稳定，对于保障员工生命安全、维护企业经济效益、促进可持续发展具有重要意义。

（三）化工生产现场安全管理的主要任务

化工生产现场安全管理的主要任务包括以下几个方面：

制定安全管理制度和操作规程：企业应制定完善的安全管理制度和操作规程，明确各级人员的职责和权限，规范员工的行为，确保生产现场的安全可控。

开展安全教育培训：企业应定期开展安全教育培训，增强员工的安全意识和操作技能，使员工了解危险因素、掌握预防措施、熟悉应急预案。

实施安全检查与隐患排查：企业应定期对生产现场进行安全检查与隐患排查，及时发现和整改安全隐患，确保生产设备的正常运行和作业环境的安全。

加强应急管理：企业应建立完善的应急管理体系，制订应急预案并定期组织演练，提高应对突发事件的能力。

（四）化工生产现场安全管理的常见问题

在化工生产现场安全管理过程中，常见的问题包括：

安全管理制度不完善：部分企业的安全管理制度存在漏洞和不足，导致员工在操作过程中缺乏明确的指导和规范。

安全教育培训不到位：部分员工缺乏必要的安全教育培训，对危险因素和预防措施了解不足，容易引发事故。

安全检查与隐患排查不彻底：部分企业在安全检查与隐患排查过程中存在敷衍了事、"走过场"的现象，导致安全隐患得不到及时整改。

应急管理不到位：部分企业的应急管理体系不完善，应急预案缺乏针对性和可操作性，导致企业在应对突发事件时反应迟缓、处置不力。

（五）改进措施与建议

针对化工生产现场安全管理中存在的问题，提出以下改进措施与建议：

完善安全管理制度和操作规程：企业应定期对安全管理制度和操作规程进行修订和完善，确保制度的科学性和有效性。同时，加大制度的宣传和执行力度，确保各级人员严格遵守制度规定。

加强安全教育培训：企业应制订详细的安全教育培训计划，确保员工接受全面、系统的安全教育培训。同时，加强员工的安全意识培养，提高员工自我保护和风险防范能力。

强化安全检查与隐患排查：企业应建立健全安全检查与隐患排查机制，明确检查频次、内容和标准。加强检查人员的培训和考核，确保检查过程认真细致、不留死角。对于发现的安全隐患，要立即整改并跟踪整改效果，确保问题得到彻底解决。

加强应急管理：企业应建立完善的应急管理体系，制订针对性强、可操作性高的应急预案。加强应急演练和培训，提高员工应对突发事件的能力和水平。同时，加强与政府、社会救援力量等外部资源的沟通协调，确保在突发事件发生时能够及时获得支持和帮助。

（六）案例分析与实践经验

结合国内外化工企业的实际案例，分析化工生产现场安全管理的重要性和改进措施的实际效果。例如，某化工企业因安全管理制度不完善、安全教育培训不到位等导致了一起重大事故。事故后，企业深刻反思并加强了安全管理制度建设、安全教育培训和安全检查与隐患排查等工作。经过一段时间的运行，企业的安全生产水平得到了显著提升，事故发生率大幅下降。

（七）总结与展望

化工生产现场安全管理是确保化工生产过程安全稳定、高效运行的关键环节。通过完善安全管理制度和操作规程、加强安全教育培训、强化安全检查与隐患排查以及加强应急管理等措施，可以有效提高化工生产现场的安全管理水平。未来，随着科技的不断进步和创新，化工生产现场安全管理将更加智能化、高效化。同时，我们也应认识到任何技术和制度都不是万能的，需要不断完善和创新，以适应不断变化的生产环境和安全需求。因此，化工企业应持续关注安全生产动态和技术发展趋势，不断提高自身的安全生产能力和水平。

四、安全检查与评估技术

（一）概述

在化工生产过程中，安全检查与评估技术是确保生产安全、预防事故的重要手段。通过对生产设施、设备、工艺和操作过程进行全面、系统的检查和评估，可以及时发现潜在的安全隐患，采取有效的整改措施，保障生产的安全稳定运行。本节将详细介绍安全检查与评估技术的基本概念、目的、方法、实施步骤和实际应用等。

（二）安全检查与评估技术的基本概念

安全检查与评估技术是一种通过对化工生产过程中的各个环节进行全面、系统的检查和评估，以发现潜在的安全隐患，提出改进措施，提高生产安全水平的技术手段。安全检查与评估技术涉及的内容广泛，包括设备安全、工艺安全、操作安全等方面。

（三）安全检查与评估的目的

安全检查与评估的主要目的在于：

1. 发现潜在的安全隐患，预防事故的发生；
2. 评估现有安全管理体系的有效性，提出改进建议；
3. 增强员工的安全意识和操作技能，增强企业的安全生产能力；
4. 为企业制订安全生产计划和措施提供科学依据。

（四）安全检查与评估的方法

安全检查与评估的方法多种多样，常见的包括以下几种：

日常检查：通过日常巡检、岗位自查等方式，对生产设备、工艺参数、操作行为等进行检查，确保生产过程的安全。

专项检查：针对特定的设备、工艺或操作环节，进行深入细致的检查，以发现潜在的安全隐患。

定期评估：按照一定的时间间隔，对生产过程中的各个环节进行全面、系统的评估，以评估生产安全水平。

风险评估：通过对生产过程中可能面临的风险进行识别、分析和评价，确定风险等级，制定相应的风险控制措施。

专家评审：邀请行业专家对生产过程进行评审，提出改进建议，提高生产安全水平。

（五）安全检查与评估的实施步骤

安全检查与评估的实施步骤一般包括以下几个阶段：

准备阶段：明确检查与评估的目的、范围、方法和人员，制订详细的检查与评估计划。

实施阶段：按照检查与评估计划，对生产过程中的各个环节进行检查与评估，记录检查结果。

分析阶段：对检查结果进行深入分析，识别潜在的安全隐患和风险点，评估其对生产安全的影响程度。

整改阶段：针对发现的安全隐患和风险点，制定整改措施和时间表，明确责任人，确保整改到位。

总结阶段：对检查与评估过程进行总结，形成书面报告，提出改进建议，为今后的安全生产工作提供参考。

（六）安全检查与评估的实际应用

安全检查与评估技术在化工生产过程中被广泛应用。例如，在化工设备的日常维护和保养中，可以通过日常检查发现设备的磨损、腐蚀等问题，及时进行维修和更换，避免设备故障引发的安全事故。在化工工艺的生产过程中，可以通过专项检查和定期评估，对工艺参数、操作条件等进行检查和评估，确保工艺的稳定性和安全性。同时，风险评估和专家评审等方法也可以为企业的安全生产提供有力支持。

（七）安全检查与评估的挑战和展望

尽管安全检查与评估技术在化工生产过程中发挥着重要作用，但仍面临一些挑战。例如，如何确保检查的全面性和准确性、如何增强员工的参与度和安全意识、如何有效利用检查结果进行改进等。未来，随着技术的不断进步和创新，安全检查与评估技术将更加智能化、自动化和精准化。例如，可以利用人工智能、大数据等技术手段对检查结果进行深入分析和挖掘，发现更多潜在的安全隐患和风险点。同时，也可以探索更加有效的员工培训和激励机制，增强员工的安全意识和操作技能。

（八）总结

综上所述，安全检查与评估技术是化工生产过程中保障生产安全、预防事故的重要手段。通过全面、系统地检查和评估，可以及时发现潜在的安全隐患和风险点，采取有效的整改措施，提高生产安全水平。未来，应继续加强安全检查与评估技术的研究和应用，不断提高其准确性和有效性，为化工生产的安全稳定运行提供有力保障。

第二节 化工安全技术装备的采购与安装

一、安全技术装备的创新与应用

（一）概述

随着科技的不断发展，安全技术装备在化工生产中的应用日益广泛。安全技术装备的创新不仅提高了化工生产的安全性，还提升了生产效率和质量。本节将详细探讨安全技术装备的创新、应用及其影响与趋势，并展望其未来的发展方向。

（二）安全技术装备的创新

安全技术装备的创新主要体现在以下几个方面：

智能化安全控制系统：随着人工智能和机器学习技术的发展，智能化安全控制系统已成为安全技术装备的重要组成部分。该系统能够实时监控生产过程中的各种参数，预测潜在的安全风险并自动采取相应措施，以确保生产安全。

远程监控与诊断技术：远程监控与诊断技术的应用使得企业可以实时了解生产现场的情况，及时发现并解决问题。通过远程监控，企业可以在第一时间获取设备的运行状态和故障信息，提高维修效率，降低事故发生的可能性。

新型防护材料与技术：新型防护材料和技术的研发为化工生产提供了更加安全可靠的保障。例如，耐高温、耐腐蚀的材料能够有效降低设备损坏和泄漏的风险，提高生产过程的稳定性。

虚拟现实与仿真技术：虚拟现实和仿真技术的应用使得企业可以在虚拟环境中模拟生产过程，评估潜在的安全风险，优化生产方案。这种技术不仅提高了安全评估的准确性，还降低了实际生产过程中的事故发生率。

（三）安全技术装备的应用

安全技术装备在化工生产中的应用主要体现在以下几个方面：

事故预防与应急救援：安全技术装备的应用可以有效预防事故的发生。例如，安全监控系统和预警装置可以及时发现异常情况并发出警报，提醒操作人员采取相应措施。同时，应急救援设备的配备也可以在事故发生时迅速进行救援，减少人员伤亡和财产损失。

生产过程优化：安全技术装备的应用还可以优化生产过程，提高生产效率和产品质量。例如，智能化控制系统可以根据实时数据调整生产参数，确保生产过程的稳定性和连续性。同时，新型防护材料和技术的使用也可以降低设备损坏和维修频率及生产成本。

员工安全与培训：安全技术装备还可以增强员工的安全意识，提高员工的操作技能。例如，虚拟现实和仿真技术可以用于员工的安全培训，让员工在虚拟环境中模拟实际操作过程，提高应对突发情况的能力。这种培训方式不仅安全有效，还可以提高员工的参与度和学习兴趣。

（四）安全技术装备的影响与趋势

安全技术装备的创新与应用对化工生产产生了深远的影响。首先，它提高了化工生产的安全性，降低了事故发生的可能性。其次，它优化了生产过程，提高了生产效率和产品质量。最后，它促进了员工的安全意识和操作技能的提升，为企业培养了一支高素质的安全生产队伍。

未来，安全技术装备的发展趋势将更加明显。一方面，随着科技的不断进步，安全技术装备将更加智能化、自动化和精准化。另一方面，随着环保要求的不断提高，安全技术装备将更加注重环保和可持续发展。此外，随着数字化和互联网技术的普及，安全技术装备的远程监控和数据分析能力也将得到进一步提升。

（五）总结与展望

综上所述，安全技术装备的创新与应用对于提高化工生产的安全性、效率和质量具有重要意义。未来，随着科技的不断发展和环保要求的不断提高，安全技术装备将更加智能化、自动化和精准化，为化工生产提供更加全面、高效和可靠的保障。同时，我们也需要不断关注安全技术装备的发展趋势和挑战，加大研发和创新力度，推动安全技术装备的不断进步和发展。

二、安全技术装备的选型与采购管理

（一）概述

安全技术装备是化工企业确保生产安全、降低事故风险的重要工具。选型与采购管理是安全技术装备应用过程中的关键环节，直接关系企业的生产安全和经济效益。本节将详细探讨安全技术装备的选型原则、采购流程、供应商选择与管理及后续管理等方面，旨在为企业提供一套科学、有效的安全技术装备选型与采购管理方案。

（二）安全技术装备选型原则

在选型安全技术装备时，应遵循以下原则：

安全性原则：首要考虑的是装备的安全性能，确保所选装备能够有效预防和控制生产过程中的安全风险。

适应性原则：所选装备应适应企业的生产环境、工艺流程以及安全需求，避免盲目追求高性能或低成本。

先进性原则：优先选择技术先进、性能稳定、操作简便的装备，以提高生产效率、降低维护成本。

经济性原则：在满足安全性和适应性的前提下，应充分考虑装备的成本效益，避免过度投资。

可靠性原则：所选装备应具有良好的质量和售后服务，确保长期稳定运行。

（三）安全技术装备采购流程

安全技术装备的采购流程一般包括以下几个步骤：

需求分析：明确企业的安全需求和装备的功能要求，形成采购需求清单。

市场调研：收集相关信息，了解市场上的安全技术装备及其性能、价格等情况。

供应商筛选：根据调研结果，筛选符合需求的供应商，并邀请其提供报价和方案。

方案评估：组织专家对供应商的报价和方案进行评估，综合考虑安全性、适应性、先进性、经济性和可靠性等因素。

商务谈判：与选定的供应商进行商务谈判，确定最终的合作条款和价格。

合同签订：签订正式的采购合同，明确双方的权利和义务。

装备验收：按照合同约定的标准对采购的装备进行验收，确保质量符合要求。

后续管理：建立安全技术装备档案，制订维护和保养计划，定期进行检查和维修。

（四）供应商选择与管理

在安全技术装备采购过程中，供应商的选择与管理至关重要。以下是一些建议：

资质审查：审查供应商的资质证书、业绩和信誉等方面的情况，确保其具备供应安全技术装备的能力和条件。

产品质量：要求供应商提供样品或进行实地考察，评估其产品质量和性能是否满足企业需求。

服务水平：考察供应商的售后服务体系和能力，确保在使用过程中能够得到及时、有效地技术支持和维护服务。

价格与成本：比较不同供应商的价格与成本，综合考虑性价比和长期合作成本等因素。

合作历史：了解供应商与其他企业的合作历史和评价，避免选择有不良记录或信誉不佳的供应商。

（五）安全技术装备后续管理

企业采购安全技术装备后，还应加强后续管理，确保其长期稳定运行。具体措施包括：

建立档案：为每台安全技术装备建立详细的档案，记录其安装、调试、验收、维护等信息。

定期检查：按照规定的周期对安全技术装备进行检查和维护，确保其处于良好的工作状态。

维护保养：制订维护保养计划，定期对装备进行清洁、润滑、紧固等操作，延长其使用寿命。

维修与更换：对出现故障或损坏的安全技术装备及时进行维修或更换，确保生产安全不受影响。

培训与操作：加强员工对安全技术装备的培训和操作指导，提高其使用技能水平和安全意识。

（六）总结与展望

安全技术装备的选型与采购管理是化工企业保障生产安全、提高经济效益的重要环节。通过遵循选型原则、规范采购流程、严格供应商选择与管理以及加强后续管理等措施，可以确保安全技术装备的有效性和可靠性。未来，随着科技的不断进步和市场环境的不断变化，安全技术装备的选型与采购管理将面临新的挑战和机遇。因此，企业应持续关注市场动态和技术发展趋势，不断优化选型与采购管理流程，提高采购决策的科学性和准确性。同时，还应加强与供应商的合作与沟通，建立长期稳定的合作关系，共同推动安全技术装备的创新与发展。

三、安全技术装备的安装、调试与维护

（一）概述

安全技术装备是化工企业确保生产安全、降低事故风险的重要工具。在安全技术

装备的生命周期中，安装、调试与维护是确保其正常运行和发挥预期功能的关键环节。本节将详细探讨安全技术装备的安装、调试与维护，旨在为企业提供一套科学、有效的安全技术装备安装、调试与维护的管理方案。

（二）安全技术装备安装的重要性与步骤

安全技术装备的安装是其正常运行的起点，安装质量直接关系后续的使用效果和安全性。因此，应重视安全技术装备的安装工作，确保其按照相关标准和规范进行。

安装前准备：在安装前，应对安装环境进行评估，确保满足装备的安装要求。同时，准备好所需的安装工具、材料和人员，制订详细的安装计划。

安装过程：按照装备的安装说明书和相关标准进行安装工作。在安装过程中，应注意安装顺序、紧固件的松紧度、连接管路的密封性等关键要素，确保安装质量。

安装后检查：安装完成后，应对装备进行全面检查，包括外观、连接部件、电气线路等，确保安装无误。同时，进行必要的性能测试，验证装备是否满足设计要求。

（三）安全技术装备调试的重要性与步骤

调试是安全技术装备安装后的重要环节，通过调试可以验证装备的性能和参数设置是否正确，确保其在实际使用中能够发挥预期的功能。

调试前准备：在调试前，应熟悉装备的操作说明书和调试要求，准备好所需的调试工具和材料。同时，确保装备已正确安装并连接好所有相关部件。

调试过程：按照装备的调试步骤和要求，逐步进行调试工作。在调试过程中，应注意观察装备的运行状态、参数变化和异常情况等，及时记录并处理问题。

调试后验证：调试完成后，应对装备进行全面验证，包括功能测试、性能测试和安全性能测试等。确保装备在实际使用中能够稳定、可靠地运行。

（四）安全技术装备维护的重要性与措施

安全技术装备的维护是确保其长期稳定运行的关键措施。通过定期维护可以及时发现并处理潜在问题，延长装备的使用寿命和提高其安全性。

日常维护：日常维护包括清洁、紧固、润滑等操作，应定期进行。通过日常维护可以保持装备的清洁和良好状态，减少故障发生的可能性。

定期检查：定期检查是对装备进行全面检查的过程，包括外观、结构、电气线路等各个方面。通过定期检查可以及时发现潜在问题并进行处理，避免问题变得严重。

故障处理：当装备出现故障时，应及时进行处理。在处理故障时，应遵循相关标准和规范，确保处理过程的安全性和有效性。同时，记录故障处理过程和结果，为后续维护提供参考。

（五）常见问题与处理方法

在安全技术装备的安装、调试与维护过程中，常见一些问题如安装不规范、调试参数不准确、维护不到位等。针对这些问题，可以采取以下处理方法：

加强培训与教育：提高安装、调试与维护人员的技能水平和责任意识，确保他们能够按照相关标准和规范进行操作。

制定详细的操作规范：制定详细的安装、调试与维护操作规范，明确各项操作步骤和要求，确保操作过程的准确性和安全性。

加强沟通与协作：在安装、调试与维护过程中，加强各部门之间的沟通与协作，确保信息畅通和问题及时解决。

建立完善的维护体系：建立完善的维护体系，包括定期维护计划、故障处理流程等，确保安全技术装备的长期稳定运行。

（六）总结与展望

安全技术装备的安装、调试与维护是确保其正常运行和发挥预期功能的关键环节。通过加强安装前的准备、调试过程的控制以及维护措施的实施，可以确保安全技术装备的安全性和稳定性。未来，随着科技的不断进步和化工生产的不断发展，安全技术装备的安装、调试与维护将面临新的挑战和机遇。因此，企业应持续关注市场动态和技术发展趋势，不断优化安装、调试与维护管理流程，提高安全技术装备的使用效果和安全性。

四、安全技术装备的性能测试与评估

（一）概述

安全技术装备的性能测试与评估是确保其在实际应用中能够有效发挥作用的重要环节。通过对安全技术装备进行性能测试与评估，可以全面了解其性能表现、安全性和可靠性等方面的情况，从而为企业的安全生产提供有力保障。本节将详细探讨安全技术装备性能测试与评估，旨在为企业提供一套科学、有效的安全技术装备性能测试与评估方案。

（二）性能测试与评估的重要性

性能测试与评估对于安全技术装备的重要性主要体现在以下几个方面：

验证性能指标：通过性能测试，可以验证安全技术装备的性能指标是否符合设计要求和技术标准，从而确保其在实际应用中能够满足企业的安全需求。

发现潜在问题：性能测试与评估能够发现安全技术装备在设计和制造过程中可能存在的潜在问题，为改进和完善装备提供依据。

优化使用和维护：通过了解安全技术装备的性能特点和运行规律，可以优化其使用和维护方案，提高装备的使用效率和延长其使用寿命。

为决策提供依据：性能测试与评估结果可以为企业在安全技术装备选型、采购、使用和维护等方面的决策提供科学依据。

（三）性能测试的方法与步骤

安全技术装备的性能测试主要包括功能测试、性能测试、安全性能测试等方面。下面将详细介绍这些性能测试的方法与步骤：

功能测试：

目的：验证安全技术装备的各项功能是否正常、符合设计要求。

步骤：按照装备的操作说明书和测试大纲，逐一测试各项功能，记录测试结果。

注意事项：确保测试环境符合要求，测试过程中应注意操作规范和安全。

性能测试：

目的：评估安全技术装备的性能指标，如响应时间、精度、稳定性等。

步骤：根据装备的性能指标要求，制定测试方案，使用专业测试工具和设备进行测试，收集和分析测试数据。

注意事项：确保测试设备的准确性和可靠性，测试过程中注意避免干扰因素。

安全性能测试：

目的：评估安全技术装备在异常情况下的安全性能，如过载、短路等。

步骤：模拟异常情况，对装备进行安全性能测试，观察并记录装备的反应和表现。

注意事项：确保测试过程的安全性，采取必要的防护措施，避免事故发生。

（四）性能评估的标准与指标

在进行安全技术装备的性能评估时，需要参考相关标准和指标来全面评估其性能表现。常用的评估标准和指标包括：

国家标准和行业标准：参考国家和行业制定的相关标准，评估安全技术装备的性能是否符合要求。

性能指标：根据安全技术装备的设计要求和技术规格书，评估其性能指标是否达标。

安全性能：评估安全技术装备在异常情况下的安全性能表现，如抗干扰能力、故障自诊断能力等。

可靠性和稳定性：评估安全技术装备的可靠性和稳定性表现，如故障率、维修周期等。

（五）评估结果的应用

性能测试与评估结果的应用是性能测试与评估工作的重要环节。评估结果可以用于以下几个方面：

优化装备使用和维护：根据评估结果，优化安全技术装备的使用和维护方案，提高装备的使用效率和延长其使用寿命。

改进装备设计：将评估结果反馈给装备制造商，为其改进和完善装备设计提供依据。

为决策提供依据：评估结果可以为企业在安全技术装备选型、采购、使用和维护等方面的决策提供科学依据。

（六）总结与展望

安全技术装备的性能测试与评估是确保其在实际应用中能够有效发挥作用的关键环节。通过科学、有效的性能测试与评估方案，可以全面了解安全技术装备的性能表现、安全性和可靠性等方面的情况，为企业的安全生产提供有力保障。未来，随着科技的不断进步和化工生产的不断发展，安全技术装备的性能测试与评估将面临新的挑战和机遇。因此，企业应持续关注市场动态和技术发展趋势，不断优化性能测试与评估管理流程，提高安全技术装备的使用效果和安全性。

五、安全技术装备的报废与处置管理

（一）概述

安全技术装备在企业安全生产中扮演着至关重要的角色。然而，随着技术的不断进步和设备的老化，部分安全技术装备可能面临报废和处置的问题。安全、环保和合规性是在进行报废与处置时必须考虑的关键因素。本节将详细探讨安全技术装备报废的标准与程序、处置的方法与要求以及报废与处置过程中的注意事项，为企业提供一套科学、有效的安全技术装备报废与处置管理方案。

（二）报废的标准与程序

报废标准：安全技术装备的报废标准通常包括设备性能衰退、技术落后、维修成本过高、安全隐患等方面。企业应结合实际情况，制定明确的报废标准，以确保报废工作的科学性和合理性。

报废程序：报废程序包括评估、审批、处置等步骤。首先，应对安全技术装备进行全面评估，确定其是否符合报废标准。然后，经过相关部门审批后，方可进行报废处置。在报废过程中，应严格遵守相关法律法规和企业规定，确保报废工作的合法性和规范性。

（三）处置的方法与要求

处置方法：安全技术装备的处置方法主要包括出售、拆解、回收等。企业应根据设备类型、价值、环保要求等因素选择合适的处置方法。同时，在处置过程中，应遵循相关法律法规和企业规定，确保处置工作的合法性和环保性。

处置要求：处置安全技术装备时，应确保设备的安全性、环保性和合规性。在拆解、回收等过程中，应采取必要的防护措施，防止设备损坏或泄漏有害物质。同时，应确保处置工作的合规性，遵守相关法律法规和企业规定。

（四）报废与处置过程中的注意事项

安全事项：在报废与处置过程中，应确保人员和设备的安全。对于可能存在安全隐患的设备，应采取必要的预防措施，如佩戴安全防护用品、设置警戒线等。同时，应遵守相关操作规程和安全标准，确保报废与处置工作的顺利进行。

环保要求：报废与处置过程中应关注环保问题。对于可能产生环境污染的设备，应采取环保措施，如减少废弃物排放、合理处理废旧部件等。同时，应遵守相关环保法规和标准，确保报废与处置工作的环保性。

合规性要求：报废与处置工作应符合相关法律法规和企业规定。企业应建立完善的报废与处置管理制度和流程，明确各部门和人员的职责和权限。同时，应加强与相关部门的沟通和协作，确保报废与处置工作的合规性和顺利进行。

（五）总结与展望

安全技术装备的报废与处置管理是企业安全生产的重要环节。通过制定明确的报废标准与程序、选择合适的处置方法、遵守相关法律法规和企业规定以及关注安全和环保问题等方面的努力，可以确保安全技术装备的报废与处置工作的科学性和有效性。未来，随着技术的不断进步和环保要求的提高，安全技术装备的报废与处置管理将面临新的挑战和机遇。因此，企业应持续关注市场动态和技术发展趋势，不断优化报废与处置管理流程和方法，为企业的安全生产和可持续发展贡献力量。

第三节 化工安全技术装备的发展趋势

一、安全技术装备的管理体系与标准化建设

（一）概述

安全技术装备的管理体系与标准化建设是确保企业安全生产的重要手段。通过建立完善的管理体系和推动标准化建设，可以提高安全技术装备的管理效率、降低安全风险，并促进企业的可持续发展。本节将详细探讨安全技术装备管理体系的构建、标准化建设的实施方法以及管理体系与标准化建设的互动关系，为企业提供一套科学、有效的安全技术装备管理体系与标准化建设方案。

（二）安全技术装备管理体系的构建

管理体系框架：安全技术装备管理体系应以企业安全生产目标为导向，构建包括装备采购、使用、维护、报废等全过程的管理体系框架。通过明确各部门和人员的职责和权限，确保管理体系的高效运行。

管理流程优化：针对安全技术装备管理的各个环节，应制定详细的管理流程和操作规范。通过流程优化来提高工作效率、减少管理漏洞，确保安全技术装备的有效管理。

信息化建设：利用现代信息技术手段建立安全技术装备管理信息系统，实现装备信息的实时更新、查询和分析。通过信息化建设提高管理效率，降低管理成本。

（三）标准化建设的实施方法

标准制定：结合企业实际情况和国家、行业标准，制定安全技术装备的管理标准、操作规范和技术要求。通过标准制定来统一管理要求，提高管理水平。

标准宣贯与培训：通过组织标准宣贯和培训活动，提高全体员工对安全技术装备标准化建设的认识和重视程度。确保员工能够按照标准要求开展工作，提高工作质量和效率。

标准执行与监督：建立标准执行与监督机制，确保各项标准得到有效执行。通过定期检查、评估和反馈，及时发现问题并采取相应措施进行改进。

（四）管理体系与标准化建设的互动关系

管理体系与标准化建设是相互促进、相辅相成的。管理体系的构建为标准化建设提供了基础和支持，而标准化建设则推动管理体系的不断完善和优化。通过管理体系与标准化建设的有机结合，可以形成一套科学、高效的安全技术装备管理体系，为企业的安全生产提供有力保障。

（五）总结与展望

安全技术装备的管理体系与标准化建设是确保企业安全生产的重要手段。通过构建完善的管理体系、推动标准化建设以及加强两者的互动关系，可以提高安全技术装备的管理效率、降低安全风险，并促进企业的可持续发展。未来，随着技术的不断进步和安全生产要求的提高，安全技术装备的管理体系与标准化建设将面临新的挑战和机遇。因此，企业应持续关注市场动态和技术发展趋势，不断优化管理体系和标准化建设方案，为企业的安全生产和可持续发展贡献力量。

二、安全技术装备的研发与推广应用

（一）概述

安全技术装备的研发与推广应用对于提升企业的安全生产水平和保障员工的生命安全具有重要意义。随着科技的不断进步和创新，安全技术装备的研发也在不断发展，为企业提供了更加先进、高效的安全保障手段。然而，如何将研发成果转化为实际应用并推广，是当前面临的重要问题。本节将探讨安全技术装备的研发流程、推广应用策略与方法及其面临的挑战与对策，为企业在安全技术装备的研发与推广应用方面提供指导。

（二）安全技术装备的研发流程

需求分析与市场调研：明确安全技术装备的研发目标和应用场景，通过市场调研了解行业需求和竞争态势，为研发提供方向和指导。

技术研究与开发：依托科研机构、高等学校等研发力量，进行安全技术装备的关键技术研究与开发，包括设计、制造、测试等环节。

原型机制作与试验验证：根据技术研发成果，制作原型机并进行试验验证，评估装备的性能、稳定性和安全性。

产品优化与改进：根据试验验证结果，对原型机进行优化和改进，提高装备的性能和可靠性。

（三）安全技术装备的推广应用策略与方法

政策引导与支持：政府应出台相关政策，鼓励企业加大安全技术装备的研发与推广投入，提供资金支持、税收优惠等政策支持。

产学研合作：加强产学研合作，推动科研机构、高等学校与企业之间的紧密合作，共同推进安全技术装备的研发与推广应用。

示范工程与案例推广：在重点行业、关键领域开展安全技术装备的示范工程，通过案例推广，展示装备的应用效果和优势，提高用户的认知和接受度。

培训与技术支持：加强安全技术装备的培训和技术支持，提高用户的使用技能和维护能力，确保装备的正常运行和发挥效能。

（四）安全技术装备面临的挑战与对策

技术瓶颈与创新不足：针对技术瓶颈与创新不足的问题，应加强技术研发和创新能力的培养，加大科研投入，引进优秀人才，提高研发水平。

市场推广难度：针对市场推广难度大的问题，应制定具体的市场推广策略，加大市场宣传和推广力度，提高用户对安全技术装备的认知度和接受度。

成本与价格问题：针对成本和价格问题，应通过技术创新和产业升级降低成本，提高产品性价比，同时寻求政府支持和市场合作，推动装备的广泛应用。

（五）总结与展望

安全技术装备的研发与推广应用是提升企业安全生产水平和保障员工生命安全的重要手段。通过明确研发流程、制定推广应用策略与方法以及应对挑战，可以推动安全技术装备的研发成果转化为实际应用，并广泛推广。未来，随着科技的不断进步和创新，安全技术装备的研发与推广应用将面临新的机遇和挑战。因此，企业应持续关注市场需求和技术发展趋势，不断优化研发流程和推广策略，为企业的安全生产和可持续发展贡献力量。

三、安全技术装备的未来发展趋势与挑战

（一）概述

随着科技的飞速发展和工业生产的不断进步，安全技术装备在保障企业安全生产和员工生命安全方面发挥着越来越重要的作用。面对未来，安全技术装备将如何发展？又将面临哪些挑战？本节将探讨安全技术装备的未来发展趋势，分析其面临的挑战，并为企业如何应对这些挑战提供策略与建议。

（二）安全技术装备的未来发展趋势

智能化与自动化：未来，安全技术装备将更加注重智能化和自动化技术的应用。通过引入人工智能、机器学习等技术，安全技术装备将能够实现更加精准地监测、预警和防控，提高安全管理的智能化水平。

集成化与系统化：安全技术装备将朝着集成化与系统化的方向发展。通过将不同的安全技术装备进行集成和整合，构建统一的安全管理系统，实现信息共享和协同作业，提高安全管理的整体效能。

绿色环保与可持续发展：随着环保意识的日益增强，安全技术装备将更加注重绿色环保与可持续发展。通过采用环保材料和节能技术，降低装备运行过程中的能耗和排放，减少对环境的影响。

定制化与个性化：未来安全技术装备将更加注重定制化与个性化的需求。根据不同行业和企业的特点，提供个性化的安全解决方案，满足企业多样化的安全需求。

（三）安全技术装备面临的挑战

技术更新换代的压力：随着科技的不断进步，安全技术装备需要不断更新换代，以适应新的安全需求和挑战。然而，技术更新换代需要投入大量的资金和人力，对企业造成一定的压力。

安全法规与标准的不断完善：随着安全法规和标准的不断完善，安全技术装备需要符合更高的标准和要求。企业需要密切关注安全法规动态，及时调整和完善安全技术装备，以确保合规性。

人才短缺与培养：安全技术装备的研发、应用和维护需要专业的人才支持。然而，目前安全技术领域的人才短缺问题较为突出，企业需要加强人才培养和引进，提高技术团队的综合素质。

安全与效率的平衡：在追求安全的同时，企业还需要关注生产效率和经济效益。如何在保障安全的前提下提高生产效率，是安全技术装备面临的重要挑战。

（四）应对挑战的策略与建议

加大研发投入：企业应加大对安全技术装备研发的投入，以推动技术创新和升级

换代，提高装备的性能和可靠性。

完善安全法规与标准体系：政府和企业应共同完善安全法规和标准体系，提高安全技术装备的合规性和可靠性。

加强人才培养与引进：企业应重视安全技术人才的培养和引进，提高技术团队的综合素质和创新能力。

优化安全管理流程：企业应优化安全管理流程，实现安全技术装备与生产管理流程的深度融合，提高安全管理的效率和效果。

（五）总结与展望

安全技术装备的未来发展趋势将更加智能化、集成化、绿色环保和个性化。然而，面对技术更新换代、安全法规与标准的不断完善、人才短缺与培养等挑战，企业需要加大研发投入、完善安全法规与标准体系、加强人才培养与引进、优化安全管理流程等策略来应对。未来，随着科技的不断进步和安全生产需求的不断提高，安全技术装备将在保障企业安全生产和员工生命安全方面发挥更加重要的作用。企业应积极关注安全技术装备的发展趋势和挑战，不断提高自身的安全管理水平和技术创新能力，为企业的可持续发展贡献力量。

第八章 化工安全与环保的发展趋势

第一节 化工安全与环保领域的研究

一、化工安全与环保领域的研究现状和趋势

（一）概述

随着工业化的快速推进，化工行业作为国民经济的重要支柱之一，其安全生产与环境保护问题日益受到社会广泛关注。化工安全与环保领域的研究，不仅关乎企业的可持续发展，更直接关系人们的生命财产安全与生态环境质量。本节将详细探讨化工安全与环保领域的研究现状，分析其发展趋势，以期为该领域的未来发展提供有益的参考。

（二）化工安全领域的研究现状

安全管理体系建设：当前，化工企业普遍建立了较为完善的安全管理体系，包括安全生产责任制、风险评估与控制、应急预案制订与执行等方面。这些体系的建立，为企业的安全生产提供了有力保障。

安全技术与装备：随着科技的不断进步，化工企业的安全技术与装备也得到了快速发展。例如，智能监控系统、自动化控制技术等的应用，大大提高了化工生产过程的安全性和稳定性。

安全教育与培训：化工企业普遍重视员工的安全教育与培训工作，通过定期的安全培训、应急演练等活动，增强员工的安全意识，提高员工的应急处理能力。

然而，化工安全领域仍存在一些挑战和问题。例如，一些企业安全管理体系建设不够完善，安全投入不足；部分员工安全意识淡漠，违规操作现象时有发生；以及一些老旧化工装置存在安全隐患等。

（三）环保领域的研究现状

污染物减排技术：化工行业是污染物排放的主要来源之一。目前，研究者致力于

开发高效、低成本的污染物减排技术，如催化氧化、生物处理等，以降低化工生产过程中的污染物排放。

资源回收利用：随着环保意识的增强，化工企业开始重视资源的回收利用工作。例如，废水处理、废气回收等方面的技术得到了广泛应用，实现了资源的有效利用，减少了对环境的影响。

绿色化工技术与产品：绿色化工技术与产品是环保领域的研究热点之一。通过采用清洁生产技术、开发环保型化工产品等方式，可以减少化工生产对环境的污染和破坏。

然而，环保领域同样面临一些挑战和问题。例如，一些化工企业环保意识不强，污染治理设施运行不规范；部分化工产品仍存在一定的环境风险；环保技术的研发和推广仍需加强等。

（四）化工安全与环保领域的发展趋势

智能化与安全环保一体化：未来，化工安全与环保领域将更加注重智能化技术的应用。通过引入大数据、云计算、人工智能等先进技术，实现对化工生产过程的实时监控、预警和优化，提高生产效率和安全性。同时，推动安全环保一体化管理，实现安全与环保的协同发展和相互促进。

绿色发展与循环经济：随着全球对环境保护的日益重视，绿色发展和循环经济将成为化工行业的重要发展方向。通过采用绿色生产技术、推广循环经济模式等方式，减少化工生产对环境的污染和破坏，实现可持续发展。

国际合作与交流：面对全球性的环境问题和挑战，国际合作与交流在化工安全与环保领域的重要性日益凸显。通过加强与国际先进企业和研究机构的合作与交流，引进先进技术和管理经验，推动化工安全与环保领域的创新与发展。

（五）总结与展望

化工安全与环保领域的研究现状表明，虽然取得了一定的进展和成效，但仍面临诸多挑战和问题。未来，应继续加强智能化与安全环保一体化、绿色发展与循环经济、国际合作与交流等方面的工作，推动化工安全与环保领域的持续发展和进步。

二、新材料、新技术对化工安全与环保的影响

（一）概述

随着科技的不断进步和创新，新材料和新技术在化工行业中得到了广泛应用。这些新材料和新技术不仅提高了化工生产效率和产品质量，同时对化工安全与环保产生了深远的影响。本节将详细探讨新材料、新技术对化工安全与环保的影响，并对其带来的机遇与挑战给出应对策略与建议。

（二）新材料对化工安全的影响

提高安全性能：新材料的应用往往能够显著提高化工生产的安全性能。例如，高强度、高韧性的复合材料可以替代传统的金属材料，减少设备故障和事故发生的可能性；阻燃、防爆等特殊功能材料的应用，则可以有效防止火灾和爆炸等安全事故的发生。

改善工作环境：新材料的使用还可以改善化工生产的工作环境，降低对员工的健康危害。例如，无毒无害的环保材料可以减少有毒有害物质的排放，降低员工接触有毒物质的风险；轻质、耐高温的新型材料则可以降低员工的劳动强度，提高工作效率。

带来新的安全风险：然而，新材料的应用也可能带来新的安全风险。一些新型材料可能具有未知的化学性质或物理性质，其稳定性和安全性需要经过严格的测试和评估；同时，新材料的使用也可能带来新的操作要求和安全标准，需要员工适应和掌握。

（三）新技术对化工安全的影响

提升安全监控水平：新技术的应用可以显著提升化工生产的安全监控水平。例如，智能化监控系统和自动化控制技术可以实时监测生产过程中的各种参数和状态，及时发现并处理潜在的安全隐患；大数据分析技术则可以对历史数据进行挖掘和分析，预测事故发生的可能性，为预防事故提供有力支持。

优化生产流程：新技术还可以优化化工生产流程，降低事故发生的概率。例如，新型催化剂和反应技术可以提高反应的效率和选择性，减少副反应和废弃物的产生；节能减排技术则可以降低能耗和排放，减少对环境的影响。

带来新的安全挑战：与此同时，新技术的应用也可能带来新的安全挑战。一些新技术可能涉及高温、高压、高速等特殊环境，增加了事故发生的可能性；此外，新技术的使用也可能需要员工具备新的技能和知识，对员工的安全意识和操作能力提出了更高的要求。

（四）新材料、新技术对环保的影响

促进环保技术的创新：新材料和新技术的应用为环保技术的创新提供了有力支持。例如，新型环保材料的开发和应用可以减少有毒有害物质的排放，降低对环境的污染；新型废水处理技术和废气回收技术则可以实现对废弃物的有效处理和利用，减少对环境的影响。

推动绿色化工发展：新材料和新技术的应用还有助于推动绿色化工发展。例如，可再生能源和清洁能源的利用可以减少对传统能源的依赖，降低能耗和排放；循环经济和资源回收利用技术的推广则可以实现对资源的有效利用。

带来新的环保挑战：然而，新材料和新技术的应用也可能带来新的环保挑战。一些新型材料可能具有未知的环境影响和风险，需要进行严格的环境评估和监测；同时，新技术的使用也可能带来新的废弃物和污染物，需要采取有效的措施进行处理和处置。

（五）应对策略与建议

面对新材料、新技术带来的机遇与挑战，化工企业应采取以下策略与建议：

加强新材料、新技术的研发和应用：加大科研投入，推动新材料、新技术的研发和应用，提高化工生产的安全性和环保性。

强化安全风险评估与管理：对新材料、新技术进行全面的安全风险评估和管理，确保其在应用过程中不会对生产安全造成威胁。

加强员工培训和教育：针对新材料、新技术的特点和要求，加强员工的安全培训和教育，增强员工的安全意识和操作技能。

推动绿色化工发展：积极推广绿色化工理念和技术，减少化工生产对环境的影响和破坏，实现可持续发展。

加强国际合作与交流：加强与国际先进企业和研究机构的合作与交流，引进先进技术和管理经验，推动化工安全与环保领域的创新与发展。

（六）总结与展望

新材料、新技术在化工生产中的应用对安全与环保产生了深远的影响。它们不仅提高了化工生产的安全性和环保性，同时带来了新的安全风险和环保挑战。未来，随着科技的不断进步和创新，新材料、新技术将在化工安全与环保领域发挥更加重要的作用。因此，化工企业应积极应对新材料、新技术带来的机遇与挑战，推动化工安全与环保的持续发展和进步。

三、创新管理模式与技术手段在化工领域的应用

（一）概述

随着科技的飞速发展和市场竞争的日益激烈，传统的化工管理模式已经难以满足现代化工企业的需求。为了提升企业的核心竞争力，创新管理模式与技术手段在化工领域的应用变得尤为重要。这些创新不仅能够帮助企业提高生产效率、降低成本，还能有效保障生产安全、促进环境保护。本节将详细探讨创新管理模式与技术手段在化工领域的应用及其带来的变革。

（二）创新管理模式在化工领域的应用

精益生产管理：精益生产是一种以最小资源投入获取最大运营效率的管理模式。在化工领域，通过实施精益生产管理，企业可以优化生产流程、减少浪费、提高产品质量。例如，通过引入5S管理、价值流分析、持续改进等手段，化工企业可以实现生产过程的精细化和高效化。

供应链管理：供应链管理是确保原材料供应、生产、销售等环节顺畅运作的关键。在化工领域，通过构建稳定、高效的供应链体系，企业可以确保原材料的稳定供应、

降低库存成本、提高市场响应速度。同时，供应链管理还可以帮助企业优化供应商选择、降低采购成本、提高采购质量。

人力资源管理：人力资源管理是企业发展的核心。在化工领域，企业通过实施创新的人力资源管理模式（如员工参与决策、弹性工作时间、绩效管理等）可以激发员工的积极性和创造力，提高员工的工作效率和忠诚度。

（三）创新技术手段在化工领域的应用

数字化与智能化技术：数字化和智能化技术是化工领域创新的重要手段。通过引入工业互联网、大数据、人工智能等技术，企业可以实现对生产过程的实时监控、数据分析、智能决策。这不仅可以提高生产效率、降低能耗和排放，还可以提升生产安全性。

自动化与机器人技术：自动化与机器人技术的应用可以显著提高化工生产的自动化水平。通过引入自动化控制系统、智能机器人等设备，企业可以实现生产过程的自动化操作、减少人为干预、降低事故风险。同时，这些技术还可以提高生产效率和产品质量，降低生产成本。

物联网技术：物联网技术可以实现设备之间的互联互通和信息共享。在化工领域，通过应用物联网技术，企业可以实现对生产设备的远程监控、故障诊断、预测性维护等功能。这不仅可以提高设备的运行效率和可靠性，还可以降低维护成本和停机时间。

（四）创新管理模式与技术手段带来的变革

生产效率的提升：创新管理模式与技术手段的应用可以显著提高化工生产的生产效率。通过优化生产流程、实现自动化操作、减少人为干预等手段，企业可以缩短生产周期、提高产量和产品质量。

成本的降低：创新管理模式与技术手段的应用可以帮助企业降低生产成本。通过优化供应链管理、降低库存成本、减少能源消耗等手段，企业可以实现成本的降低和利润的提升。

安全性的提高：创新管理模式与技术手段的应用可以提升化工生产的安全性。通过实施精益生产管理、引入自动化控制系统、加强员工安全培训等手段，企业可以降低事故发生的概率和损失。

环保水平的提升：创新管理模式与技术手段的应用可以促进化工企业的环保水平提升。通过引入环保技术、实现废弃物的有效处理和利用、降低污染物排放等手段，企业可以减少对环境的污染和破坏。

（五）挑战与对策

尽管创新管理模式与技术手段在化工领域的应用有显著优势，但也面临着一些挑战。例如，新技术的引入需要投入大量资金和人力资源；同时，新技术的应用也可能带来新的安全风险和环境问题。因此，企业在应用创新管理模式与技术手段时，需要充分考虑自身的实际情况和需求，制订切实可行的实施方案和风险控制措施。

为了应对这些挑战，企业需要采取以下对策：

加强技术研发与创新：持续投入研发资金，加强与高等学校、科研机构的合作，推动技术创新和成果转化，为化工领域提供更多先进、高效的技术手段。

完善人才培养与引进机制：重视人才培养和引进工作，建立健全的人才激励机制，吸引更多优秀人才投身于化工领域的技术创新和管理模式创新。

强化风险管理与评估：在引入新技术、新管理模式时，要充分考虑其可能带来的风险和挑战，制定详细的风险评估和管理措施，确保创新工作的安全可控。

加强国际合作与交流：积极参与国际交流与合作，引进国外先进技术和管理经验，推动国内化工领域的技术创新和管理模式创新。

（六）总结与展望

创新管理模式与技术手段在化工领域的应用是推动化工行业转型升级、实现可持续发展的重要途径。通过实施精益生产管理、引入自动化与机器人技术、应用物联网技术等手段，企业可以提高生产效率、降低成本、提升安全性和环保水平。然而，在应用过程中也面临着诸多挑战和问题。因此，化工企业应持续加强技术研发与创新、完善人才培养与引进机制、强化风险管理与评估、加强国际合作与交流等方面的工作，以推动创新管理模式与技术手段在化工领域的广泛应用和发展。

展望未来，随着科技的不断进步和创新，创新管理模式与技术手段在化工领域的应用将更加广泛和深入。相信在不久的将来，这些创新管理模式将大放异彩。

四、人工智能、大数据在化工安全管理中的应用前景

（一）概述

随着科技的迅猛发展，人工智能（AI）和大数据技术在各个行业中的应用日益广泛。化工行业作为国民经济的重要支柱，其安全管理水平直接关系企业的可持续发展和社会稳定。传统的化工安全管理方法往往依赖于人工监控和经验判断，难以应对复杂多变的生产环境和海量数据。因此，将人工智能和大数据技术应用于化工安全管理中，有望提高安全管理效率、减少事故风险、保障人员安全，具有重要的现实意义和应用价值。

（二）人工智能在化工安全管理中的应用前景

智能监控与预警系统：通过引入人工智能算法，可以构建智能监控与预警系统，实现对化工生产过程的实时监控和数据分析。系统可以自动识别异常工况、预测潜在风险，并及时发出预警，为管理人员提供决策支持。这有助于降低事故发生的概率，提高化工生产的安全性。

智能故障诊断与预测维护：人工智能技术在故障诊断和预测维护方面也具有广阔

的应用前景。通过对设备运行数据的深度学习和分析，可以准确诊断设备故障、预测维护需求，实现设备的智能维护和管理。这不仅可以减少设备故障对生产的影响，还可以降低维护成本和提高设备使用寿命。

智能安全管理决策支持系统：人工智能算法可以整合化工生产过程中的各种数据和信息，构建智能安全管理决策支持系统。该系统可以为管理人员提供科学、合理的安全管理建议，帮助企业在复杂多变的生产环境中做出正确的决策，提高安全管理水平。

（三）大数据在化工安全管理中的应用前景

数据驱动的安全风险评估：大数据技术可以对化工生产过程中的海量数据进行收集、存储和分析，挖掘数据中的关联性和规律性，为安全风险评估提供数据支持。通过构建数据驱动的安全风险评估模型，可以实现对生产环境、设备状态、人员行为等多方面的全面评估，为制定有针对性的安全管理措施提供依据。

事故原因分析与预防策略制定：通过对历史事故数据的挖掘和分析，可以发现事故发生的规律和原因，为事故预防提供借鉴和参考。大数据技术可以帮助企业建立事故数据库，实现事故信息的快速查询和统计分析，提高事故处理效率和预防能力。同时，基于大数据分析的结果，企业可以有针对性地制定预防策略，减少类似事故的发生。

员工行为分析与安全培训优化：大数据技术还可以应用于员工行为分析和安全培训优化方面。通过对员工操作数据的收集和分析，可以评估员工的安全意识和操作水平，发现潜在的安全隐患。同时，基于大数据分析的结果，企业可以优化安全培训内容和方法，增强员工的安全意识和技能水平，减少人为因素导致的事故风险。

（四）人工智能与大数据技术的融合应用

人工智能和大数据技术的融合应用将进一步提高化工安全管理的效率和准确性。通过整合人工智能的算法优势和大数据的数据优势，可以构建更加智能、高效的安全管理系统。例如，可以利用人工智能技术实现数据的自动筛选、处理和分析，提高数据处理的速度和准确性；同时，可以利用大数据技术为人工智能算法提供充足的数据支持，优化算法的性能和效果。这种融合应用将有助于提高化工安全管理的智能化水平和数据分析能力，为企业创造更大的价值。

（五）挑战与对策

虽然人工智能和大数据技术在化工安全管理中的应用前景广阔，但也面临着一些挑战。例如，数据质量不高、算法模型不够成熟、技术应用成本较高等问题都可能影响技术的推广和应用。为了应对这些挑战，需要采取以下对策：

提高数据质量：加强数据管理和质量控制，确保数据的准确性和完整性。同时，重视数据清洗和预处理工作，提高数据的质量和可用性。

加强算法研究和优化：持续投入研发力量，加强算法研究和优化工作，提高算法的准确性和效率。同时，加强与高等学校、科研机构的合作，推动技术创新和成果转化。

降低技术应用成本：通过优化技术实现方案和降低硬件设备成本等方式，降低技术应用成本，提高技术的普及率。

（六）总结与展望

人工智能和大数据技术在化工安全管理中的应用前景广阔，有望为化工行业的安全发展提供有力支持。通过构建智能监控与预警系统、智能故障诊断与预测维护、智能安全管理决策支持系统等智能化应用，以及利用大数据技术进行数据驱动的安全风险评估、事故原因分析与预防策略制定等数据分析应用，可以提高化工安全管理的效率和准确性，降低事故风险，保障人员安全。同时，随着技术的不断进步和应用成本的不断降低，人工智能和大数据技术在化工安全管理中的应用将更加广泛和深入。未来，人工智能和大数据技术将与化工行业的其他领域进行深入融合和创新，推动化工行业的数字化转型和智能化升级。

总之，人工智能和大数据技术在化工安全管理中的应用前景充满机遇和挑战。只有不断加强技术研发和创新、优化技术应用方案和降低技术应用成本，才能充分发挥这些技术的优势和作用，为化工行业的安全发展贡献力量。

第二节　化工安全与环保的绿色转型

一、跨国合作与国际交流促进化工安全和环保的发展

（一）概述

随着全球化的深入发展，跨国合作与国际交流在推动各行各业进步中发挥着越来越重要的作用。化工行业作为国民经济的重要支柱之一，其安全与环保问题不仅关乎企业自身的可持续发展，更关系到全球环境保护和人类健康的共同利益。因此，加强跨国合作与国际交流，促进化工安全与环保的发展，已成为国际社会的共识和行动方向。

（二）跨国合作在化工安全与环保中的意义

共享先进技术与经验：不同国家和地区在化工安全与环保领域有着不同的技术水平和经验积累。通过跨国合作，可以实现先进技术与经验的共享，加速技术创新和成果转化，提高全球化工行业的整体安全水平。

应对全球性挑战：化工安全与环保问题往往具有全球性和跨国性。跨国合作有助

于各国共同应对这些挑战，形成合力，提高应对效率和效果。

促进国际规则与标准的统一：通过跨国合作，可以推动国际规则与标准的统一和协调，减少贸易壁垒和技术障碍，促进全球化工行业的自由化和便利化。

（三）国际交流在化工安全与环保中的作用

增进理解与信任：国际交流有助于增进各国在化工安全与环保领域的理解与信任，减少误解和偏见，为跨国合作创造良好的氛围和条件。

推动知识传播与人才培养：国际交流可以促进化工安全与环保领域的知识传播和人才培养，提高全球范围内的专业水平和素质。

拓展合作空间与机遇：国际交流有助于拓展各国在化工安全与环保领域的合作空间和机遇，发现新的合作伙伴和合作方式，推动全球化工行业的创新与发展。

（四）跨国合作与国际交流的实践案例

国际化工安全论坛：各国政府、企业和研究机构定期举办国际化工安全论坛，分享最新的安全技术和管理经验，讨论全球化工安全面临的挑战和对策。这些论坛为跨国合作提供了平台，促进了国际的交流与合作。

共同研发环保技术：一些国家和地区通过跨国合作项目，共同研发环保技术，推动化工行业的绿色转型。

国际环保组织的作用：国际环保组织（如联合国环境规划署）在推动全球化工安全与环保方面发挥着重要作用。这些组织通过制定国际规则和标准、组织国际会议和培训项目等方式，促进各国在化工安全与环保领域的合作与交流。

（五）挑战与对策

尽管跨国合作与国际交流在促进化工安全与环保的发展中具有重要作用，但仍面临一些挑战，如文化差异、技术壁垒、法律法规差异等。为了迎接这些挑战，需要采取以下对策：

加强沟通与理解：各国应增进相互之间的沟通与理解，尊重彼此的文化和习惯，建立互信关系，为跨国合作营造良好氛围。

推动技术合作与创新：各国应共同推动技术合作与创新，分享先进技术和经验，共同应对全球性挑战，提高全球化工行业的整体安全水平。

协调法律法规与标准：各国应加强在法律法规与标准方面的协调与合作，减少贸易壁垒和技术障碍，促进全球化工行业的自由化和便利化。

（六）总结与展望

跨国合作与国际交流在促进化工安全与环保的发展中发挥着重要作用。通过共享先进技术与经验、应对全球性挑战、促进国际规则与标准的统一等方式，跨国合作有助于提高全球化工行业的整体安全水平。同时，国际交流通过增进理解与信任、推动知识传播与人才培养、拓展合作空间与机遇等方式，为全球化工行业的创新与发展提供了有力支持。

未来，随着全球环境保护意识的不断提高和化工行业技术的持续创新，跨国合作与国际交流在化工安全与环保领域的作用将凸显。各国应进一步加强合作与交流，共同应对全球性挑战，推动全球化工行业的绿色转型和可持续发展。同时，国际社会也应积极推动国际规则与标准的统一和协调，为全球化工行业的健康发展提供有力保障。

二、化工安全与环保的绿色转型和可持续发展

（一）概述

随着人类对环境问题的日益关注，可持续发展已成为全球共识。化工行业作为国民经济的重要组成部分，其安全与环保工作直接关系经济、社会和环境的协调发展。因此，推动化工安全与环保的绿色转型，实现可持续发展，已成为化工行业面临的重要任务。

（二）绿色转型与可持续发展的内涵

绿色转型是指化工行业在保障生产安全的基础上，通过技术创新、管理创新和制度创新等手段，降低能源消耗、减少污染物排放、提高资源利用效率，实现经济效益、社会效益和环境效益的协调发展。可持续发展则强调在满足当代人需求的同时，不损害后代人满足其需求的能力，实现经济、社会和环境的持续、健康、和谐发展。

（三）化工安全与环保绿色转型的途径

技术创新推动绿色生产：通过研发和应用清洁生产技术、循环经济技术、资源综合利用技术等，降低化工生产过程中的能耗和污染物排放，提高资源利用效率。同时，加强安全生产技术的研发和应用，减少事故发生的可能性，保障生产安全。

管理创新促进绿色发展：建立完善的绿色管理体系，将绿色理念贯穿于化工生产的全过程。通过优化生产流程、加强生产过程中的环境监测和污染物治理、推进资源循环利用等措施，实现绿色生产。同时，加强企业内部管理和员工培训，增强员工的安全意识和环保意识。

制度创新保障绿色转型：通过完善法律法规和政策体系，为化工安全与环保的绿色转型提供制度保障。例如，制定严格的环保标准和排放标准，鼓励企业采用绿色技术和绿色生产方式；建立奖惩机制，对绿色表现优秀的企业进行表彰，对违规行为进行惩罚。

（四）可持续发展在化工安全与环保中的应用

可持续发展理念的融入：将可持续发展理念贯穿于化工生产的全过程，从产品设计、原料选择、生产过程到废弃物处理等环节，都充分考虑环境保护和资源利用的

问题。

循环经济模式的推广：通过推广循环经济模式，实现资源的循环利用和废弃物的减量化、无害化处理。例如，建立化工园区内的废弃物交换和回收体系，实现废弃物的资源化利用。

社会责任的履行：化工企业应积极履行社会责任，关注环境保护和可持续发展问题。通过加大环保投入、加强环保管理、公开环保信息等措施，树立良好的企业形象，赢得社会信任和支持。

（五）挑战与对策

在推动化工安全与环保的绿色转型和可持续发展过程中，面临着技术瓶颈、成本压力、市场竞争等挑战。为了迎接这些挑战，需要采取以下对策：

加强技术研发和创新：加大科研投入，推动技术创新和成果转化，提高绿色技术的竞争力和应用水平。同时，加强国际交流与合作，引进和吸收国际先进技术和经验。

完善政策支持和激励机制：政府应加大对化工安全与环保绿色转型的政策支持力度，制定更加优惠的税收、金融等政策措施，鼓励企业采用绿色技术和生产方式。同时，建立健全的激励机制，激发企业绿色转型的内在动力。

强化监管和执法力度：加强对化工企业的监管和执法力度，严格执行环保标准和排放标准，对违规行为进行严厉打击和处罚。同时，加强环境监测和信息公开，提高公众对化工安全与环保工作的关注度和参与度。

（六）总结与展望

化工安全与环保的绿色转型与可持续发展是化工行业实现高质量发展的必然要求。通过技术创新、管理创新和制度创新等途径，推动化工安全与环保的绿色转型，实现经济效益、社会效益和环境效益的协调发展。同时，将可持续发展理念贯穿于化工生产的全过程，履行社会责任，树立良好的企业形象。展望未来，随着全球环境保护意识的不断提高和化工行业技术的持续创新，化工安全与环保的绿色转型和可持续发展将迎来更加广阔的前景和机遇。我们期待着化工行业在绿色转型和可持续发展的道路上迈出更加坚实的步伐，为构建人类命运共同体作出更大的贡献。

三、化工安全与环保的政策法规创新和完善

（一）概述

化工安全与环保工作是化工行业可持续发展的重要保障，而政策法规则是推动这一工作的重要手段。随着全球环境保护意识的加强和化工行业技术的不断进步，原有的政策法规体系已不能完全适应新的形势和需求。因此，加强化工安全与环保的政策法规创新与完善，已成为当前化工行业亟待解决的问题。

（二）政策法规创新与完善的重要性

适应新形势和新需求：随着环境保护要求的提高和化工行业技术的快速发展，原有的政策法规体系已难以适应新的形势和需求。因此，需要通过创新与完善政策法规，使其更加符合实际情况和发展需要。

提高安全环保水平：政策法规的创新与完善可以推动化工行业提高安全环保水平，减少事故发生的可能性，降低对环境的污染和破坏，实现经济效益和社会效益的双赢。

促进可持续发展：政策法规的创新与完善有助于推动化工行业的可持续发展，实现经济、社会和环境的协调发展，为构建人类命运共同体作出贡献。

（三）政策法规创新与完善的方向

强化安全环保要求：在制定政策法规时，应更加注重对化工安全与环保的要求，明确企业的责任和义务，强化监管和执法力度，确保安全环保工作得到有效落实。

完善标准体系：应进一步完善化工安全与环保的标准体系，制定更加科学、合理的标准和规范，提高标准的可操作性和可执行性，为企业的安全环保工作提供有力支撑。

加强国际合作与交流：在制定政策法规时，应加强国际合作与交流，借鉴国际先进经验和技术，推动国内化工安全与环保工作的国际化、标准化和规范化。

（四）政策法规创新与完善的具体措施

制定更加严格的环保法规：针对化工行业的特殊性，应制定更加严格的环保法规，明确企业的环保责任和义务，加大对违法行为的处罚力度，提高违法成本。

推广先进的安全生产技术：通过制定优惠政策、提供资金支持等方式，鼓励企业采用先进的安全生产技术，提高生产过程中的安全性和环保性。

加大监管和执法力度：建立健全的监管机制，加强对化工企业的日常监管和执法力度，确保企业严格遵守相关法规和标准，及时发现和纠正违法行为。

提高公众的参与度：加强公众对化工安全与环保工作的关注度和参与度，鼓励公众参与监督和举报违法行为，营造全社会共同关注、共同参与的良好氛围。

（五）挑战与对策

在政策法规创新与完善的过程中，面临着诸多挑战，如利益博弈、执行难度、监管成本等。为了克服这些挑战，需要采取以下对策：

加强宣传与教育：通过广泛宣传和教育，提高公众对化工安全与环保政策法规的认识和理解，增强企业的责任感和自律性。

完善监管机制：建立健全的监管机制，明确各部门的职责和协作方式，形成合力，提高监管效能。

强化执法力度：加大对违法行为的执法力度，确保法律法规的严肃性和权威性，维护市场秩序和公共利益。

（六）总结与展望

化工安全与环保的政策法规创新与完善是化工行业可持续发展的重要保障。通过强化安全环保要求、完善标准体系、加强国际合作与交流等措施，可以推动化工行业的安全环保工作迈上新的台阶。同时，也面临着诸多挑战和困难，需要政府、企业和社会各方共同努力，形成合力，共同推动化工安全与环保的政策法规创新与完善。展望未来，随着环境保护意识的不断提高和化工行业技术的持续创新，相信化工安全与环保的政策法规体系将更加完善、更加适应实际需要，为化工行业的可持续发展提供有力支撑。

四、化工安全与环保的教育和培训发展

（一）概述

化工安全与环保的教育与培训是确保化工行业安全、高效、可持续发展的关键因素之一。随着科技的不断进步和环境保护要求的日益严格，化工安全与环保的教育与培训也面临着新的挑战和机遇。因此，加强化工安全与环保的教育与培训发展，增强从业人员的安全意识和环保素养，已成为化工行业发展的重要任务。

（二）教育与培训的重要性

增强安全意识：通过化工安全与环保的教育与培训，可以提高从业人员对安全环保问题的认识和重视程度，增强安全意识，减少事故的发生。

培养专业人才：教育与培训是培养专业人才的重要途径。通过系统的教育和培训，可以培养出一批具备专业知识、技能和经验的安全环保人才，为化工行业的发展提供有力支持。

推动技术创新：教育与培训有助于推动技术创新和进步。通过不断学习和掌握新技术、新方法，从业人员可以更好地应对复杂多变的化工生产环境，提高生产效率和环保水平。

（三）教育与培训的主要内容

安全知识教育：包括化工生产过程中的安全操作规程、危险源识别与控制、事故应急处理等方面的知识教育，以增强从业人员的安全意识和应对能力。

环保知识培训：涵盖环保法规、环保技术、资源利用等方面的知识培训，使从业人员了解环保要求，掌握环保技能，提高环保素养。

技能培训与实践：通过技能培训和实践操作，提高从业人员的专业技能和实际操作能力，确保他们能够熟练掌握安全环保技术，有效应对各种复杂情况。

（四）　教育与培训的创新和发展

多元化教育形式：采用线上线下相结合的教育形式，如网络课程、远程培训、模拟仿真等，满足不同时间和地点的学习需求，提高教育效果。

实践性教学：加强实践性教学，通过案例分析、实地考察、模拟演练等方式，提高从业人员的实际操作能力和应对能力。

国际化交流与合作：加强与国际先进企业和机构的交流与合作，引进国际先进的教育培训理念和技术手段，推动化工安全与环保的教育与培训与国际接轨。

（五）　实施策略与建议

制订完善的教育与培训计划：根据化工行业的实际情况和发展需求，制订完善的教育与培训计划，明确培训目标、内容、方式等，确保教育与培训的系统性和针对性。

加强师资队伍建设：选拔具备丰富实践经验和专业知识的优秀人才担任教育培训师资，提高师资队伍的整体素质和教学水平。

建立完善的评估机制：建立完善的教育与培训评估机制，对教育培训效果进行定期评估和总结，及时发现问题并改进，确保教育与培训的质量和效果。

（六）　挑战与对策

在化工安全与环保的教育与培训发展过程中，可能会面临一些挑战，如资金短缺、培训资源不足、从业人员参与度不高等。为了克服这些挑战，可以采取以下对策：

加大资金投入：政府和企业应加大对化工安全与环保教育与培训的投入力度，提供充足的资金支持，确保教育与培训工作的顺利开展。

整合培训资源：通过整合政府、企业、高等学校等各方资源，形成合力，提高培训资源的利用效率，满足更多从业人员的培训需求。

激励与约束机制：建立完善的激励与约束机制，对参与教育与培训的从业人员给予一定的奖励和激励，同时对于不参与或培训效果不佳的从业人员进行一定的约束和惩罚，提高从业人员的参与度和培训效果。

（七）　总结与展望

化工安全与环保的教育与培训发展对于保障化工行业安全、高效、可持续发展具有重要意义。通过创新与发展教育与培训形式和内容，加强师资队伍建设和完善评估机制等措施的实施，可以推动化工安全与环保的教育与培训工作不断取得新的进展和成效。展望未来，随着科技的不断进步和环境保护要求的日益严格，化工安全与环保的教育与培训将面临更加广阔的前景和机遇。我们有理由相信，在政府、企业和社会各方的共同努力下，化工安全与环保的教育与培训发展将不断迈上新的台阶，为化工行业的可持续发展提供有力支撑。

第三节　化工安全与环保的未来展望

一、化工安全与环保的社会责任和公众参与

（一）概述

随着工业化进程的加速和环境保护意识的提高，化工安全与环保问题日益受到社会各界的关注。化工企业在追求经济效益的同时，也应积极履行社会责任，加强与公众的沟通与互动，共同推动化工安全与环保事业的发展。

（二）社会责任与公众参与的重要性

维护公众利益：化工安全与环保的社会责任与公众参与有助于维护公众的健康和安全，保障公众的环境权益，促进社会和谐稳定。

推动企业可持续发展：积极履行社会责任、加强公众参与有助于化工企业树立良好的企业形象，提升品牌价值，实现可持续发展。

促进政策法规的完善：公众参与可以推动政府制定更加科学、合理的化工安全与环保政策法规，提高政策的执行力和有效性。

（三）社会责任的落实和公众参与的途径

加强信息披露：化工企业应定期公开安全环保信息，包括生产工艺、排放情况、事故处理等方面，以便公众了解企业的运营状况和环境影响。

开展科普教育：化工企业应通过举办讲座、展览等形式，普及化工安全与环保知识，增强公众的安全意识和环保素养。

建立沟通机制：化工企业应建立与公众的沟通机制，如设立热线电话、开设微信公众号等，方便公众了解企业动态，提出意见和建议。

支持公益活动：化工企业应积极参与环保公益活动，如支持环保组织、参与环保项目等，展示企业的社会责任感和环保承诺。

（四）公众参与的实现与推动

建立参与平台：政府和企业应建立公众参与平台，如环保听证会、公众意见征集等，为公众提供参与决策的机会和渠道。

激发参与热情：政府和企业应通过奖励机制、宣传引导等方式，激发公众的参与热情，提高公众对化工安全与环保问题的关注度和参与度。

加强培训与教育：政府和企业应加强对公众的培训与教育，增强公众的参与度和环保意识，使公众能够更好地参与化工安全与环保工作。

（五）挑战与对策

在化工安全与环保的社会责任与公众参与过程中，可能会面临一些挑战，如企业利益与公众利益的矛盾、信息不透明、公众参与程度不高等。为了克服这些挑战，可以采取以下对策：

加强法律法规建设：政府应完善相关法律法规，明确化工企业的社会责任和公众参与权利，为公众参与提供法律保障。

强化监管力度：政府应加大对化工企业的监管力度，确保企业履行社会责任、公开信息等方面的要求得到落实。

提高信息透明度：化工企业应提高信息透明度，主动公开安全环保信息，增强公众对企业的信任度和满意度。

加强合作与沟通：政府、企业和公众应加强合作与沟通，共同推动化工安全与环保事业的发展，实现共赢。

（六）总结与展望

化工安全与环保的社会责任与公众参与是推动化工行业可持续发展的重要力量。通过加强社会责任的落实、推动公众参与的实现与发展、完善法律法规建设、强化监管力度、提高信息透明度以及加强合作与沟通等措施的实施，可以推动化工安全与环保事业不断取得新的进展和成效。未来，随着环境保护意识的不断提高和社会责任意识的日益增强，化工安全与环保的社会责任与公众参与将发挥更加重要的作用，为化工行业的可持续发展注入新动力。我们有理由相信，在政府、企业和公众的共同努力下，化工安全与环保的社会责任与公众参与将不断迈上新的台阶，为构建美丽中国、实现可持续发展目标作出积极贡献。

二、化工安全与环保的未来挑战和机遇

（一）概述

随着全球经济的持续发展和工业化进程的深入，化工行业作为国民经济的重要支柱，面临着前所未有的挑战与机遇。特别是在安全与环保领域，随着环境保护意识的增强和法规政策的日益严格，化工行业必须积极应对未来的挑战，同时抓住机遇，实现绿色、安全、可持续发展。

（二）未来挑战分析

环保法规的日益严格：随着全球环保意识的提升，各国政府对化工行业的环保要求将更加严格。新的环保法规将不断出台，对化工企业的生产过程、排放标准、废物处理等方面提出更高要求。

公众期望的提高：随着人们生活水平的提高，公众对化工安全与环保的期望也在不断提高。公众对化工企业的监督将更加严格，对化工事故的反应将更加敏感。

技术创新的风险与机遇：新技术、新工艺的快速发展为化工行业带来机遇的同时，也带来了新的安全风险和环境挑战。如何确保技术创新的安全性和环保性，将是化工行业未来需要面临的重要问题。

全球化带来的挑战：随着全球化的深入发展，化工企业需要面对不同国家和地区的法规政策、文化差异、环保标准等挑战。如何在全球化背景下实现化工安全与环保的协调发展，将是化工行业需要解决的重要问题。

（三）未来机遇探讨

绿色化工的发展机遇：随着环保意识的提高和环保法规的加强，绿色化工成为未来发展的重要方向。发展绿色化工技术、推广环保产品、优化生产流程等，将为化工行业带来新的发展机遇。

数字化转型的机遇：数字化转型已成为化工行业发展的重要趋势。通过应用大数据、人工智能等先进技术，可以提高生产效率、降低能耗、减少排放，推动化工行业向智能化、绿色化方向发展。

循环经济的潜力：循环经济强调资源的循环利用和废弃物的减量化处理，与化工行业的可持续发展目标高度契合。通过发展循环经济，化工企业可以实现资源的有效利用、减少环境污染、降低生产成本，为企业创造新的经济增长点。

国际合作与交流：面对全球化的挑战，化工行业需要加强国际合作与交流，共同应对环保问题。通过与国际先进企业和机构的合作，可以引进先进技术和管理经验，推动化工安全与环保工作的国际化、标准化和规范化。

（四）应对策略与建议

加强技术研发与创新：化工行业应加大在绿色化工技术、安全生产技术等方面的研发投入，推动技术创新和成果转化，提高企业的核心竞争力和可持续发展能力。

完善法规政策与标准体系：政府应完善化工安全与环保的法规政策和标准体系，提高政策的针对性和可操作性，为化工行业的绿色发展提供有力支撑。

加强企业自律与社会责任：化工企业应自觉遵守环保法规和政策要求，加强内部管理，提高安全生产和环保水平。同时，积极履行社会责任，加强与公众的沟通与互动，树立良好的企业形象。

推动国际合作与交流：化工行业应积极参与国际交流与合作，引进先进技术和管理经验，推动化工安全与环保工作的国际化、标准化和规范化。通过国际合作与交流，共同应对全球环保挑战，实现化工行业的可持续发展。

（五）总结与展望

化工安全与环保的未来挑战与机遇并存。面对日益严格的环保法规、公众期望的提高以及技术创新的风险与机遇等，化工行业需要积极应对、勇于创新、加强合作与交流。同时，抓住绿色化工、数字化转型、循环经济等国际合作与交流等机遇，推动化工行业实现绿色、安全、可持续发展。未来，我们有理由相信在政府、企业和社会的共同努力下，化工安全与环保事业将不断取得新的进展和成效，为构建美丽中国、实现可持续发展目标作出积极贡献。

三、化工安全与环保的全球治理及合作

（一）概述

随着全球化的深入发展，化工安全与环保问题已成为全球共同面临的挑战。全球治理与合作在应对这一挑战中显得尤为重要。各国政府、国际组织、企业和公众需共同努力，形成合力，以实现化工安全与环保的全球目标。本节将探讨化工安全与环保的全球治理与合作的必要性、现状、面临的挑战等。

（二）全球治理与合作的必要性

共同应对全球环境问题：化工生产过程中的排放和事故可能对全球环境造成严重影响。全球治理与合作有助于各国共同应对这些环境问题，减少跨国界的环境污染和生态破坏。

促进国际经贸合作：化工产业是全球贸易的重要组成部分。加强全球治理与合作有助于促进国际经贸合作，推动化工产业的可持续发展，实现互利共赢。

提高全球安全水平：化工事故可能给人类生命安全带来巨大威胁。全球治理与合作有助于提高全球化工安全水平，减少事故发生的可能性和影响。

（三）全球治理与合作的现状

国际法规与政策：国际社会已制定了一系列与化工安全与环保相关的法规和政策，如《巴塞尔公约》等。这些法规和政策为全球治理与合作提供了基本框架和指导原则。

国际组织的作用：联合国环境规划署、国际劳工组织等国际组织在推动化工安全与环保的全球治理与合作方面发挥着重要作用。他们通过制定标准、开展研究、组织培训等方式，促进各国在化工安全与环保领域的合作与交流。

跨国合作与项目：各国政府、企业和研究机构通过跨国合作项目和计划，共同推动化工安全与环保技术的发展和应用。例如，一些国家共同开展化工废物处理技术研究、化工安全风险评估等项目，以实现资源共享和技术互补。

（四）面临的挑战

利益冲突与博弈：不同国家在化工安全与环保领域的利益诉求存在差异，可能导致合作过程中的利益冲突和博弈。如何在保障各国利益的同时实现全球共同目标，是

全球治理与合作面临的重要挑战。

法规与政策的不一致性：各国在化工安全与环保领域的法规和政策存在差异，可能导致跨国企业在不同国家面临不同的标准和要求。这增加了企业的合规成本和运营难度，也影响了全球治理与合作的效果。

技术壁垒与转移限制：一些国家可能出于保护自身利益考虑，对化工安全与环保技术的转移和传播设置壁垒或限制。这限制了技术的全球推广和应用，影响了全球治理与合作的深入发展。

（五）加强全球治理与合作的建议

建立统一的标准与规范：加强国际的沟通与合作，制定统一的化工安全与环保标准和规范，降低企业在不同国家运营的成本和难度。

加强技术交流与合作：推动各国在化工安全与环保领域的技术交流与合作，促进技术的创新和应用，提高全球化工安全与环保水平。

完善国际法规与政策体系：加强国际法规与政策体系的完善与更新，确保其与全球化工安全与环保的实际需求相适应，为全球治理与合作提供有力支撑。

加强公众参与教育：提高公众对化工安全与环保问题的认识和参与度，提升公众教育和意识，营造全社会共同参与、共同治理的良好氛围。

（六）总结与展望

化工安全与环保的全球治理与合作是实现全球可持续发展目标的重要组成部分。尽管面临诸多挑战与问题，但通过加强国际合作与交流、完善法规与政策体系、推动技术创新与应用等措施，我们有望共同应对化工安全与环保问题，推动全球化工产业实现绿色、安全、可持续发展。未来，我们期待各国政府、国际组织、企业和公众能够携手共进，共同为全球化工安全与环保事业贡献智慧和力量。

四、化工安全与环保的未来愿景

（一）概述

随着科技的飞速发展和人类社会对可持续发展认识的不断深化，化工安全与环保已经站在了一个新的起点上。面对全球性的环境挑战和日益严格的安全标准，化工行业必须积极应对，努力创造一个更加安全、环保、高效的未来。本节将探讨化工安全与环保的未来愿景及发展趋势，并提出相应的建议与措施。

（二）未来愿景

零事故、零污染：化工生产实现零事故、零污染，确保生产过程的安全与环保，为全球创造一个清洁、健康的生活环境。

绿色化工：推动化工行业向绿色化、低碳化、循环化方向发展，实现化工生产与自然环境的和谐共生。

智能化工：利用大数据、人工智能等先进技术，提高化工生产的安全性和效率，降低能耗和排放，实现智能化管理和监控。

可持续发展：化工行业在追求经济效益的同时，应更加注重社会责任和可持续发展，实现经济、社会、环境的协调发展。

（三）发展趋势

技术创新引领发展：随着科技的不断进步，未来化工行业将更加注重技术创新，通过引入新技术、新工艺、新设备，提高生产的安全性和环保性。

法规政策日益严格：随着全球环保意识的提高，各国政府将制定更加严格的法规和政策，对化工生产过程中的安全和环保提出更高要求。

公众参与意识提升：随着公众对化工安全与环保问题的关注度不断提高，未来化工行业将更加注重与公众的沟通与互动，增强公众的参与感和信任度。

国际合作与交流加强：面对全球性的环境挑战，未来化工行业将更加注重国际合作与交流，共同推动化工安全与环保事业的发展。

（四）建议与措施

加强技术研发与创新：化工行业应加大在技术研发与创新方面的投入，推动绿色化工、智能化工等技术的发展与应用，提高生产的安全性和环保性。

完善法规政策与标准体系：政府应完善化工安全与环保的法规政策与标准体系，提高政策的针对性和可操作性，为化工行业的绿色发展提供有力支撑。

加强企业自律与社会责任：化工企业应自觉遵守环保法规和政策要求，加强内部管理，提高安全生产和环保水平。同时，积极履行社会责任，加强与公众的沟通与互动，树立良好的企业形象。

推动公众参与教育：政府、企业和社会应共同努力，推动公众参与化工安全与环保工作，增强公众的环保意识和参与度。同时，加强化工安全与环保知识的普及和教育，增强公众的安全意识和环保意识。

加强国际合作与交流：化工行业应积极参与国际合作与交流，学习借鉴国际先进经验和技术成果，共同推动化工安全与环保事业的发展。通过国际合作与交流，共同应对全球性的环境挑战，实现化工行业的可持续发展。

（五）总结与展望

化工安全与环保的未来愿景是构建一个更加安全、环保、高效的化工行业，为全球创造一个清洁、健康的生活环境。面对未来的发展趋势和挑战，我们需要加强技术研发与创新、完善法规政策与标准体系、加强企业自律与社会责任、推动公众参与教育以及加强国际合作与交流等。相信在政府、企业和社会的共同努力下，化工安全与环保事业将不断取得新的进展和成效，为构建美丽中国、实现可持续发展目标作出积极贡献。未来，我们有理由相信化工安全与环保事业将迎来更加美好的明天。

参考文献

[1] 崔慕. 认真搞好化工安全生产 [J]. 原化工部技术监督司, 2022, 3.

[2] 金永才. 项建明. 化工安全教育要切合实际 [E]. 1. 上海市化工职业病防治, 2. 国电公司新安江电力疗养院, 2020 - 06 - 18.

[3] 刘景良. 化工安全生产技术 [M]. 北京: 化学工业出版社, 2023.

[4] 张军. 有效提升化工企业一线班组安全管理水平的策略探究 [J]. 化工管理, 2019 (01): 14 - 15.

[5] 李宁. 班组安全在企业安全管理中的重要作用 [J]. 化工管理, 2019 (01): 125.

[6] 张颖霞. 创新政府校园安全管理探究——以 "青岛市教育局电子政务案例" 为视角 [J]. 中国市场, 2019 (02): 183 + 185.

[7] 苟冬, 曹丽伟, 毛文文. 高压电气设备的电气试验及安全管理理念的运用实践探微 [J]. 低碳世界, 2019, 9 (01): 140 - 141.

[8] 吴朝平. 房屋建筑施工的质量与安全管理探究 [J]. 低碳世界, 2019, 9 (01): 173 - 174.

[9] 张国栋. 南水北调工程运行期的安全管理分析 [J]. 低碳世界, 2019, 9 (01): 136 - 137.

[10] 聂强兵. 安全管理中安全理念述论——以 DJ 公司为例 [J]. 低碳世界, 2019, 9 (01): 306 - 307.

[11] 赵君. 提升石油钻井企业安全管理实效性的策略 [J]. 化工管理, 2019 (01): 124.

[12] 周江山. 信息化管理在高校安全管理中的应用 [J]. 高教学刊, 2019 (02): 159 - 161.

[13] 齐跃丽. 化工企业危化品安全管理探究 [J]. 科技风, 2019 (02): 246.

[14] 赵学丽. 对非煤矿山井下采矿安全管理措施的研究与分析 [J]. 科技风, 2019 (02): 247.

[15] 苏州市地方海事局 OHSMS 课题组. 海事部门构建职业健康安全管理体系探索 [J]. 中国水运, 2019 (01): 48 - 49.

[16] 吉海燕, 陆芹珍, 冯莉. 三色提醒牌在住院患者诊查环节安全管理中的应用 [J]. 当代护士 (中旬刊), 2019, 26 (01): 177 - 179

[17] 曲怡, 贾连群, 王建波. 中医药大学实验室安全管理探索 [J]. 卫生职业教育, 2019, 37 (01): 86 - 87.

[18] 李树龙, 肖风丽. 医学类高校实验室安全管理工作分析与探索 [J]. 卫生职业教育, 2019, 37 (01): 92 - 94.

[19] 沈善瑞, 赖晓芳, 陈静. 高校微生物教学实验室安全管理的思考 [J]. 科教文汇 (上旬刊), 2019 (01): 82 - 83.

[20] 童姗, 李安琪. 6S 管理在病区药品安全管理中的应用 [J]. 基层医学论坛, 2019, 23 (03): 432 - 433.

[21] 杨红梅. 农机安全隐患与农机安全管理存在的问题探究 [J]. 河北农机，2019 (01)：17.

[22] 赵晓妮. 建筑施工安全管理措施优化研究 [J]. 山西建筑，2019，45 (02)：245－246.

[23] 张雪，乔岩岩. 安全管理在静脉药物配制中心的实践研究 [J]. 临床研究，2019，27 (01)：195－196.